星際傳訊 STU11101

# 外星科技大解密

## 時間旅行與秘密太空計劃

據說美國一個高級情報組織於一九五〇年代與外星人簽訂條約，主要是研究、吸收和複製任何外星起源的技術。該組織有進行時間旅行的技術，並重寫歷史記錄。本書將解構深埋幾世紀不爲人知的外星時空旅行技術與重要的太空計畫，將顛覆地球人所認知的一無所有！

廖日昇◎著

# 目次

據《藍色星球計劃》蒐集的資訊，外星飛行器既來自超維度，也來自本維度的內部，這些飛行器的乘員有些對地球人類具有敵意，有些則否。這些天外訪客以灰人、北歐人、橙色人、高大白、北歐克隆人等為主要。對於外星人的造訪地球及與美國政府合作之事，後者一直以來就是採取封鎖政策。而中央情報局（CIA）與國家安全局（NSA）則是執行該政策的得力二將。其中作為特務中的特務之國安局其外貌更是披上一層神秘的色彩，該局內部有一個稱為高級聯繫情報組織（ACIO）的黑部門，專門研究、吸收和複製任何外星起源的技術，據稱它在外星人幫助下所開發的空白狀態技術（BST）是一種時間旅行技術，可以重寫（更改）歷史記錄。

黃皮書是一本由埃本人書寫的顯示事件而不顯示日期的宇宙史，由埃本人於一九六四年四月在霍洛曼空軍基地登陸時贈送給美國政府。嚴格來說它不完全是一本書，而是一塊8×11吋的水晶長方形塊狀物體，大約二點五吋厚，由透明、沉重的玻璃纖維型材料製成，其性質和外觀皆透明，這本書的邊框呈鮮黃色，因此稱為黃皮書。黃皮書進入意識領域，以全息圖（hologram）顯示可能的結果。讀者望著透明的書表面時，他將開始看到單詞，而圖像則在他面前閃爍。最為奇特的是，根據讀者正在思考的特定語言，黃皮書將會自動顯現該種語言，到目前為止，美國政府已經確定了八十種不同的語言。

## 第四章 駭客入侵揭穿美國不為人知的航太秘密計劃 

美國存在著高度機密的太空計劃。SSP局內人馬克・李查茲上尉曾參與道西戰役，並曾在秘密太空計劃和美國太空司令部工作多年。馬克曾擔任過獵戶座飛船的船長，後者是太陽能守望者（Solar Warden）太空艦隊的一部份，該秘密艦隊使用外星技術，擁有八十五艘小型圓狀偵察艦、十艘細長三角形母艦及其他中等長度的三角翼飛船，使用反重力推進系統的該秘密艦隊，順利建立了火星殖民地。

另一個更神秘與更強大的計劃是「星際企業集團」（ICC），ICC對其他計劃在火星上建立的軍事設施擁有主導權。它在火星、月球、主要小行星帶和其他行星的數個月球，建立了一百多個殖民地，並控制著以上天體和其周圍許多空域的安全運作。ICC專注於不計任何手段以開發星際資源和獲取技術，這包括奴役勞工的使用。這不僅為人類脫離文明，而且為「來自其他星系文明」生產極高技術產品。

遠古外星人有七個種族，他們各有著不同膚色，懷著不同使命來到地球並分佈於不同地理區域，其領頭羊是白種人。他們的任務包括對地球爬行動物的基因改造及對哺乳動物的基因改造等，後來他們大部份因故離開了地球，留在地球的倖存者創造了亞特蘭提斯等古代文明。倖存者此後與智人、人魚和內部人共存於地球。之後，灰人和北歐人（即昴宿星人）等新外星種族登陸地球。地球地表下尚住有屬於爬蟲類的「爬蟲人」，及屬於昆蟲類的「昆蟲人」，前者有極高的智商及強烈的情感；後者也有高智商。

# 推薦序一　打開宇宙新窗的一本奧義書

如果讀者抱著好奇心來讀這本書，會失望，會看不懂，因為這一本外星科技書，非常深奧，很多內容超越當今科技認知，我相信很多理工專業人士或科學家也看不懂。

但如果對外星人議題已有多年興趣與心得的人，會覺得這是一本很精彩的書，不僅開啟了一扇宇宙科技新認知，而且能夠體會外星科技的超前奧妙。

很多人會認為外星人的存在根本未得到科學證實，不能全信，還是要抱著存疑的態度。這看起來似乎很有科學立論，事實上是完全不懂科學的定義與科學精神。

請大家想想：科學沒有證明地心引力之前、沒有證明地球磁場之前、沒有證明細菌的存在之前、沒有證明雷電之前、沒有證明原子之前……，難道地心引力、地球磁場、細菌、雷電、原子就通通不存在嗎？

這些現象隨著地球存在就存在了，根本不需要地球人為它們證明！地球人所謂的科學進步，說穿了只不過是不斷發現已經存在的事實而已。

所以外星人的存在也是不用地球人為他們證明的，任何人必須要用開放的心態來研討外星人的議題。這讓我回想起民國六十四年，我開始翻譯出版一大堆飛碟外星人書籍，被當時幾位大學教授扣上偽科學、不科學、科學野狐禪、怪力亂神、現代神話。我寫了一篇文章，呼籲他們把頭探出學術象牙塔，最後一句我寫「時間會證明我是對的。」

到了現在，誰對誰錯，不是很清楚了嗎？所以，台灣人不要當井底之蛙，以為井口的天空就是整個宇宙。等你跳出井口，就知道自己多麼無知了。

看到這本書，第一個讓我很高興的是第三章提到一九六四年霍洛曼空軍基地，因為民國六十四年我翻譯出版第一本不明飛行物書裡，也談到這個事件，只是當時資料比較少，這本書又提到，可見當年確實有這個事件。

第二個讓我很高興的是書中談到耶穌，有可能是一個經過基因工程設計的人類與外星人的混合體，這又與我於民國七十二年用宇宙科學角度研究聖經的心得完全相同，當時我就堅信上帝耶和華是外星太空船指揮官，天使就是太空船上的外星人，而耶穌是他們用基因科技做出來的星際混血兒，整部聖經描述的就是地球人與外星人互動。我的這個觀點也在本書有相同的論述。

第三個讓我很高興的是第五章談到現代人類起源理論，想起民國六十七年發表「為何要相信進化論」，八十三年發表「人類的來處」，早就提過人類與外太空的關係，我一向深信進化論、人類學、考古學、神話學、史前歷史、宗教起源等教科書所寫的內容全然不對，這些年來太多的外星訊息書籍的出版，確實要翻轉教科書了。

總而言之，這本書是詳實的外星科技資料，相當深奧，不管看得懂或看不懂，都希望能為讀者們打開宇宙新窗，借此培養自己多元、多維、鳥瞰的思維模式，方能悠遊於未來「元宇宙Metaverse」的新潮中。

台灣飛碟學會創會理事長

# 推薦序二　捕風捉影的幽浮與外星生物探秘

題辭：

"Man is a credulous animal, and must believe something, in the absence of good grounds for belief, he will be satisfied with bad ones."

～羅素（Bertrand Russell, 1872-1970）～

「千里之行，始於足下。」（《老子》：六十四章），宗教是孕育人類文明的母胎，從而分出哲學，再分出科學。自從人類歷史上最偉大的發明——文字出現之後，經數千年殫精竭慮的淬鍊，鑄造出一套自以為紮實的價值體系，上自宇宙觀（自然觀），下至國際觀（世界觀），以及人生觀和人死觀。

每思及人類是否為宇宙中唯一的存在而心神不寧，正確的答案是咱們並不孤獨，地外文明一直介入地球上歷史的遞演。文明的發展似乎並非是漸進式，而是跳躍式，歷史進化論與歷史退化論並行。真理和悖論既對立亦相容，圓融無礙的智慧必為來自歷盡滄桑的結晶。

宇宙的遼闊實已超出咱們的想像，非主流的「異端邪說」，有時會蛻變成顛撲不破的真理。歷史充滿荒謬性（absurdity），昨是今非與昨非今是乃一物的兩面，政客最擅長操作。幽浮學（ufology）將成為二十一世紀的顯學，已開發國家跟彼等暗通款曲，移植高科技的產品，以稱霸地球，其中以美國的嫌疑最大，次為納粹德國。

在電視上的談話性節目中，以幽浮和外星人作為話題者，最吸引觀眾的眼球，並帶來高收視率。也許是朝九晚五的刻板生活異常乏味，需要一些精神上的刺激來調劑。普羅大眾既無思辨能力，亦無深入研究的學術根底，只是右耳進，左耳出而已。唯有不同領域的學者「撈過界」，業餘投入不求名利的研究，猶如群醫會診，交叉比對，以尋找客觀事實的真相。

「小心駛得萬年船」，本書論及最火紅亦最敏感的主題，在某些所謂「民主」國家（譬如美國），可能會被「影子政府」（shadow government）用安排車禍的卑劣手段做掉，以符合官方勾結外星生物的既得利益。

幽浮與外星生物各有一百餘種，除來自地外文明以外，有些是在遠古時代已棲息在地球上的高科技直立狀生物，最奇特者，是來自未來世界，穿越時光隧道抵達古代（即現代）者。曾警告人類，全球暖化的現象將提前發生，但言者諄諄，聽者藐藐，只有死到臨頭才會覺悟。君不見，目前夏季越來越長，冬季越來越短，家庭的電費開銷暴增，但仍有反科學的政客（如美國的川普），認為是假訊息。

時間旅行無法改變既定的歷史，否則，幹掉童年時期的仇人，現在的仇人是否會消失？時間具有不可逆性，歷史不可能經常被改寫，只是詮釋不同而已。

汪少倫擲地有聲的大作《多重宇宙與人生》，可當作台灣研究幽浮學與靈學的聖經，在資訊封閉的威權時期，慶幸未被當局視為影響反共大業的怪力亂神的作品。人類活在四個維度（長、寬、高、時間）之中，而多重宇宙是由九個空間和一個時間組成的十個維度，至於對靈界結構的認知，人們尚停留在幼兒園階段。各大宗教的神學理論殊途殊歸，讓人無所適從，如：佈道大會、做法會、燒冥紙、繁文縟節的祭祀儀式是否確實有效？

心靈戰爭（psychic war）的功效，能從洗腦（brain washing）到殺人於無形，超越冷兵器與熱兵器的有形戰爭，可改變心態及價值觀。在篤信唯物論（materialism）及無神論（atheism, antitheism）的共產國家（如前蘇聯及中國大陸），早已秘密研發，科幻小說的情節可能成真。

各大宗教的創教者，是否為外星人或外星人投胎在地球者？戮力宣揚該星球的道德及救贖規範。鑽研神學思想，很難參透生死的奧秘，進而超越對死亡的恐懼。輓近宗教學和生死學均可在高等學府成立系所，但觀其課程內容多停留在道德教條主義（dogmatism）的範疇，實證性甚為不足。是否應藉通靈者調查在天堂及地獄裡的歷史名人，以檢驗在世時的所作所為，得到真正的蓋棺論定。

時下解讀「驚為天人」應指邂逅外星人，大概驚嚇指數破表，「天人合一」應該是跟外星人私奔，創造這些成語的老祖宗，可能真的有第三類接觸。伴侶（含異性及同性）有時會異化成最親密的陌生人，對其內心世界深不可測，故「因誤會而結合，因了解而分開」，史不絕書，好像已變成數學公式。

同理，對地外文明的一切幾乎無從著墨。猶記小學時期曾背誦生命三大要素——陽光、空氣、水。今日觀之，只要有水，就可能有生命（有機體）的存在，而陽光和空氣並非必要的條件。此外，生物（無機體）不論是生化人或機器人，根本不需要這三項要素。

政府常是假新聞及偽證的製造中心，只要符合統治階級和政黨的利益，則一切的作為均可合理化。譬如臉書和維基百科，均被猶太人掌控，有空不妨搜尋有無讚美希特勒、宣揚納粹主義（Nazism）與反猶主義（anti-Semitism）的資訊。

「德國人並未屠殺猶太人，此乃虛構的史實。南京大屠殺（死亡至少三十萬人），並非大日本帝國皇軍的作為，而是國民政府自己下手。」距離二戰不到一個世紀，吾人深知前述總總皆屬荒謬的謊言，但曠日持久，可能會成為真實的歷史，可知「信史」的重要性——「要留清白在人間」（明・于謙〈石灰吟〉）。

在百慕達三角失蹤的飛機和船艦的無線電通訊中，多提到綠色的霧，無獨有偶，本書陳述穿越時空的奇特經驗中，亦出現綠色的霧，不知其成份和作用為何？

如果對這個時代不滿，可以暫時離開，等到「人間天堂」降臨再返回。但這種具有浪漫情懷的樂觀心態，終將不敵殘酷的現實，諸如：語言可能不通，親朋好友多已離世，晚輩變成長輩，倫常關係混亂，社會變遷甚速，大概會適應不良。

假如回到未來，目睹自己將來的模樣，不知能否承受？假設世界終將走向毀滅，那目前的打拼有何實質的意義？

地球上神秘指數第一的地方，並非土耳其的戈貝克力石陣、英國的巨石陣、埃及的金字塔群、智利的復活節島。而是美國西部，位在內華達州的51區，該空軍基地隱藏天大的秘密，為避免引起人心的恐慌起見，必須予以鎖碼。

江湖上盛傳由於51區的曝光率太高，美國已秘密建設52區，卻不知位在何處？偵察衛星對地表上的活動瞭如指掌，堪稱「無所逃於天地之間」。

幽浮的飛行超越光速，打臉愛因斯坦的理論。時空旅行、穀物圈（俗稱麥田圈或麥田怪圈）、反物質、蟲洞、星際大門、神祕生物、延壽之道，甚至耶穌是人還是神？皆對幽浮迷有致命的吸引力。

納粹德國是歷史上最奇特的政權，雖然僅歷時十二年（1933-1945）就壽終正寢，但其影響力至今仍存。除新納粹（Neo-Nazi）崛起，彼等高科技的研發令人驚豔，何以並未贏得二戰，主因在政略——戰略——戰術出現偏差。德軍之中有許多外籍兵團，即使是要調查祖宗八代、禁止有猶太血統的黨衛隊亦有老外，各路英雄好漢認同種族優越論，為「淨化地球」而戰。傳聞，希特勒可能有八分之一猶太人血統。

老天真的有眼，陰謀論浮現，因美國的醫療費用驚人，想藉病毒淘汰中低收入戶，甚至所謂有色人種。社會達爾文主義（social Darwinism）重出江湖，美其名曰「替天行道」。

二戰後期，西歐的盟軍和東歐的俄軍均在搶奪德國的科研人才，而研發幽浮的文件和實物，多落在美軍手中。納粹高階軍官透過教廷的秘密管道，逃亡至南美洲的阿根廷、巴西、智利和巴拉圭，部分被美軍掩護前往美國。美、俄兩國的航太發展，真正的推手實為德國人。

希特勒並非死在柏林，而是逃到南極大陸的基地，準備東山再起，建立第四帝國。美國接受德國的研究成果，「站在巨人的肩膀上看得更遠」。

最匪夷所思者，是美國的中央情報局竟然跟納粹分子合作，研發 AIDS 病毒，以消滅不良分子。當下 COVID-19 病毒肆虐，誠如川普常掛在嘴邊的口頭禪 “American First”，目前染疫者已占全美人口六分之一弱，超過五千萬人，而病故人數已突破八十萬人。

人們對美國國家形象的印象，多來自好萊塢製造的美國神話。山姆大叔扮演維護正義的世界警察角色，甚至是上帝的化身。希望會有吹哨者出來爆料，抖出老美在世界各地胡作非為的惡劣行徑。

人打拼一生，所能留下的痕跡畢竟有限，但群體同心協力可以完成震撼人心的創作，譬如古埃及的金字塔建築群，睥睨世間近五千年，後人連仿製都很困難。

地球中空論宣稱地球中心也有一顆恆星。某些外星生物亦透露彼等的星球上空也有兩顆恆星（雙星），與太陽共振。

跟愛迪生有瑜亮情結，並被愛迪生打壓的奇才特斯拉，經常與外星人打交道。倪匡一生所撰寫的科幻小說，竟高達六千餘萬字，甚至一天可寫一本，來自靈界的高等靈指導其不可思議的創作速度，既屬空前，也可能絕後。李敖所發表的作品亦超過一千餘萬字，卻未聞跟外星人或靈界有任何瓜葛。

外星生物似乎只有一百零一種表情，好像喜怒哀樂不形於色，恐怕是大量製造的合成品。中國神話中的「撒豆成兵」，可能是遠古時代尖端科技的產物。

若持開放性的心靈，面對驚世駭俗的怪異現象，自然會「莊敬自強，處變不驚」。當學習老貓的精神，睜一隻眼，閉一隻眼——見怪不怪。

科幻電影描繪外星生物的外型，實在是極盡醜化之能事。唯有類似北歐人種者，才擁有高顏值。納粹黨視日耳曼民族中的北歐人（Nordic, Northman, Norman），是地球上最優秀的民族，理應成為統治民族（Herrenvolk）。男性稱'blond'，女性稱'blonde'，金髮、碧眼、長頭、皮膚白裡透紅、體型壯碩。希特勒所飼養的狼犬取名'blond'，在自殺之前將牠毒斃。

獸首（爬蟲、昆蟲）人身的外星生物，有時會跟人類不期而遇。古埃及許多神明皆是半人半獸。而人類「文明的搖籃」——西亞地區，不僅神明，連動物都有翅膀，擁有飛行能力。天下第一奇書——《山海經》中，有許多外型奇特的生物，可惜數量較少，出土的化石有限。上古時代以文物的出現，劃分為石器時代、銅器時代和鐵器時代，似乎已成定論。但「另類」考古學者強烈質疑，在石器時代之前，應該有木器時代，惜容易腐朽，證據不足。

從各種不尋常的幽浮現象觀之，星際大戰的噩（美）夢恐成真。「一樣米養百樣人」，外星生物即使是生化人或機器人，似乎已進化出具有獨立思考的能力。正邪乃一線之間，將地球當作殖民地或溫室，大舉入侵，奴役人類，或許在最近的將來會發生，「起來，不願做奴隸的人們」的歌聲將響徹雲霄。

中國文化大學史學系兼任副教授　周健

# 推薦序三　外星人來了，而且來的時間很早很早！

人類文明演化，他們從來沒有缺席過，只是審慎衡量何時該出手，何時不該出手？就像我們觀察非洲大草原上，生息繁衍的野生動物一樣。

外面流傳的幽浮目擊很多都是真的；羅斯威爾飛碟墜毀事件確有其事；各國政府曾和外星人簽訂秘密協定；幾任美國總統都曾見過外星人；外星人確實曾經扣留人類到飛碟上做試驗；人類保有部分外星科技；外星人在太陽、地球、月球上都有基地；外星人封鎖地球上的核武發射設備；人類和外星人在基因上擁有血緣關係；亞當、夏娃、耶穌、佛陀……這些我們熟知的傳說人物，實際上都是外星人；連你我街上擦身而過的，都很有可能也是；甚至正在閱讀此書的你，都具有外星靈魂身份。

二〇二二年此刻，地球文明正面迎來的不只是電動車、區塊鏈、元宇宙，還有像是恆星爆炸般的全面意識覺醒，接著整個舊系統將自動瓦解、建立起基於無條件之愛的全新系統。未來，在我們有生之年很有可能，我們將和外星人面對面公開接觸，只要我們願意……放下恐懼，了解其中的美意。

以上這些訊息，用「天下之大，無奇不有」已經不足以形容，人外有人、天外有天本就是事實，我們人類終於從洞穴茹毛飲血、農業、工商、電腦時代、地球村，一路走到了星際時代。非常樂見中文書籍，有越來越多這方面訊息的揭露，在此也推薦作者的另一本著作——外星人傳奇（首部）：不明飛行物逆向工程，讓我們一起參與並見證星際時代的開啟！

劉德輔　臉書純粹巴夏社團創版人、臉書荷光者——愛和平社團管理員、永續設計師、台中花博四口之家永續家園策展人、台灣永續家園協會理事長

# 懷念

我的祖母謝瓊樓，是個舊時代的女人，她有一雙三寸金蓮的小腳。我不知她生於何年何月，僅知祖母在九〇年代初去世時享年九十四歲。如此推估，她應當在甲午戰後數年出生，也就是說她可能出生於十九世紀末。

祖母並未正式進過學校，但她上過私塾，學習過漢文，授業老師就是外曾祖——謝秀才。謝秀才的頭銜是貨真價實的，據祖母說，她父親當年從竹山遠赴台南府城考秀才，因乏旅費，他在考場還替兩名考生當槍手。幸虧清末朝綱已壞，考紀鬆馳，若在雍正年代，外曾祖的項上人頭難保。

記得念高中時，舅公（祖母的養弟）曾將外曾祖的手稿拿給我看，它們皆用小楷毛筆字騰寫在絹紙上，文字細小如蚊，字跡工整，文章內容已不記得。

我因自幼失母，祖母頂替母親的角色，負責照顧弟弟與我的日常生活，平日裡相處時間特多，祖母的為人處事、甚至一言一語如今思來，尤如昨日。

且說祖母幼承庭訓，雖在日本帝國統治之下，儒家思想仍充盈其懷。幼年時我常聽她唸頌（不看書）一些不知從何處讀到的詩句，又用竹枝在地上寫下她的全名。祖母姓名的筆劃不少，她年輕時雖從書塾習得一些漢文，但甲午戰後，日本統治當局開始進行「國語政策」，推行日語教育，漢文教育自然受到抑制。祖母到了六十多歲的老年尚能寫出自己全名，真不容易。

祖母照顧一大家子（全家有八人）的日常生活與負責大部份家務，每日早起摸黑，倍極辛勞。平常工作包括走路去買菜及購買日用品、燒火（木材）準備三餐、徒手洗曬及折疊衣服、打井水儲水、每日清理廁所，手縫衣服及餵養雞鴉或豬等。若逢年節，因為要準備拜拜，她比平時更忙。

祖母喜歡看歌仔戲，平日她聽收音機播出，偶而遇外地歌仔戲團來西螺戲院演出她喜歡的戲劇，因為考慮到門票費用，她通常僅看數場。通常每一局戲演出十二天，演出分日夜場（祖母通常看夜場），一局戲演完劇團即轉移到他處。演出戲碼不外《目蓮救母》、《薛平貴與王寶釧》或《孫臏下山》等中國傳統劇目。劇中苦旦、小丑與武生等各式角色搭配與對白得宜，加上鑼鼓手的鼓噪，一場戲演下來常惹得台下觀眾又哭又笑，好不熱鬧。

有一天早上（約是我念小二暑假）祖母正家中坐，一個打扮樸素的年輕女人來訪，她是祖母的遠親，後來知她是新到劇團的苦旦，閒聊間她送給祖母十二張門票。不久後祖母天天吃過晚飯後即帶著我到戲院報到，弟弟因年幼尚看不懂，且他睡得早，故常沒有跟隨。

記得晚場演出時間約是從八時到十二時，每回到了中場之後，台上雖鑼鼓喧天，熱鬧非凡，但戲台下的我卻早呵欠連連，頭拚命點。到了散場，祖母拉著半睡中的我走下樓梯，回顧前塵，至今腳上小木屐碰板梯的聲音猶喀！喀！作響耳際。

祖母每天早上（約莫十點左右）前往左近的菜市場買菜，若是遇到寒暑假或週日，照例由我提著菜籃，尾隨她身後一起走。那時市場不像如今，其衛生條件較差。市場內魚肉、熟食與蔬菜等攤及日食雜貨鋪等雖各有區分，但因是開放空間，蚊蟲不禁，氣味雜陳，更兼商家喊客，吵聲不絕，地上又濕滑，行走其間如履薄冰。若在今日，買菜定當苦差事，但當時的我卻將買菜當一樂事。原因是每回買菜後有剩零錢，祖母總會塞五毛錢給我，而這就足以讓我在市場的小漫畫鋪內消耗數小時了。

記得當時曾看過的小人書包括《木偶奇遇記》、《現代孫悟空》、《白蛇傳》、《諸葛四郎》、《蜀山劍俠傳》與《西遊記》等（還有更多，無法皆列）。每一張漫畫其人物表情都很生動，一圖接一圖地翻下去，尤如看電影。但比較小人書與電影，前者對幼年階段的啟智與人格塑造可能有較大影響。原因是我小時看過的電影內容，如今已大都不記得，但當時瀏覽過的小人書，其情節與人物表情如今卻仍歷歷在目。

祖母平時刻苦，有好東西總先想到家人。我幼年時家境困難，平常餐桌上難得見到肉食，往往只有過年時才有宰雞或買豬肉。當全家上桌吃飯時，祖母往往將肉食留給家人，自己只吃骨頭及青菜，就這樣她養成了常年吃素食的習慣，而這可能是她日後得以長壽的原因。

小學階段我曾先後就讀兩間學校，先是文昌國小（一至五年級），在這裡我遇到一位好老師——張金誠先生，在他的循循善誘下，我的小學生活充滿知性與快樂的回憶。後來因搬家之故，我轉學到了中山國小，並在那裡畢業。

初中時我就讀虎尾中學，為了上學，我每日五點半即起床，趕搭台糖小火車或台西客運到虎尾，而祖母為了準備我的便當，她至少須比我提早半小時起床。冬天她尤為辛苦，這時木炭與木材似乎更難著火，祖母須比平常更提早十幾分鐘起床準備一切。

祖母一生可回憶之處甚多，以上所提只是共同生活期間一些較有印象之事。初二之後由於父親離開西螺到其他地方工作，祖父母因此搬去與四叔同住，從此我與祖母也結束了共同生活的日子。

# 自序

由於人類在地球的出現，我們知道智慧生命確實在銀河系中形成過一次。根據科學經驗，自然界很少會只產生一次現象，我們是一個測試案例。我們存在的事實證明智慧生命在銀河系其他地方的形成是可能的。懷著這個認知，外星人的存在及其來到地球一事本就不值得太奇怪。

然而要擔心的是，此番到達地球的外星人中固然有善意者，但也不乏懷不良企圖者，他們不僅要我們的DNA，也想擁有我們的世界。如此使得幽浮的情況自一九三〇年代以來變得既複雜又危險。

從實際情況來看，我們生活在一個多維世界，其中來自其他維度與本維度的外星人／實體互相疊合在一起。利弗莫爾科學家化名亨利・迪肯（Henry Deacon）的亞瑟・諾曼（Authur Neumann）估計，地球上至少有四十組外星種族，他們來自不同時間與地域，且各有不同議程（agenda）。

美國政府早期在獲取外星技術方面的努力是成功的，她與外星勢力建立了一段時期的合作關係，其明顯目的是獲得重力推進、光束武器和精神控制方面的技術，而美方則允許外星人在地球上獲取生物材料。過程中數以萬計的人類被綁架及牛隻受殘害，特別是後者，外星人和美國政府須對此負責。

我們的基因發展和宗教基礎可能受到地球和外星力量的干預。我們的文明可能是過去十億年來存在的眾多文明之一，在整個人類歷史時期，這可能並非地球唯一的文明。

據稱，一九三四年昴宿星人試圖與富蘭克林．羅斯福總統交換條件，前者將提供經濟與社會方案，以幫助地球變成一個天堂，條件是美國必須放棄戰爭，並著手一項裁軍計劃，但被後者所拒。此後昴宿星人轉而與希特勒政府接洽，雙方曾短期合作，但終因希特勒未能遵守不攻擊猶太人的協議，一九四一年他們退出條約。

當昴宿星人離開羅斯福總統的同一年（一九三四年）七月，代表天龍座阿爾法（Alpha Draconis）星系爬蟲人的獵戶座小灰人乘虛而入，與後者在巴拿馬巴爾博亞（Balboa）港的一艘美國海軍艦船上簽約。雙方互有利益交換，而灰人的綁架人類即從此時開始，後續一九五四年的格雷達條約（The Greada Treaty）更進一步強化雙方的合作關係，這當然也包括對人類綁架活動的進一步加強。

以上的訊息是由一些知情者所舉報，並無任何政府文件支持，可能有些人認為，這些不過是「怪力亂神」的傳聞。但從條約簽訂之後人類綁架案件的劇增及美國一些州地下生化基地的快速建立，種種跡象說明條約的存在並非只是傳聞。

猶記得高中時期，上《論語》課時曾讀過「子不語怪力亂神」的神句，這一語標出孔子將怪異之事列為戒談的首項。夫子為何不願談這種事？古時物理科學不發達，更兼資訊不暢通，孔子未能了解許多怪異之事其實不那麼怪異，故不願談它。然而怪異的等級與本質隨著時代而進化，過去在夫子時代被視為怪異之事物，如今已見怪不怪，因此自然沒有不可談。

同理之心，本書及後續書所談論的事物從某種視角看，也是極盡怪異之能事，有些還涉及靈體，這些「怪誕」的內容主要分為幾方面：

(1)星際時空門戶與時間旅行
(2)曲速驅動與時空橋
(3)瀏覽過去與預見未來的裝置
(4)天外來客及其威脅
(5)太空警察與人類脫離文明
(6)雙陽之國

以上的議題雖然怪異，但其立論並非無所憑藉。深入閱讀後讀者當會發現，它們背後均有可信的證詞或寫實的故事。因此不同於孔子的是，雖是「怪力亂神」，吾往矣！

唯有一點需要建議讀者的是，維持一個開放心態去展讀本書是重要的。有些陳述您可能當時認同或不認同，這沒有關係，讓時間去沈澱您的想法。

在我完成本書資料的評估及動筆寫作之際，發現大部份的資料（含二手資料、訪問視頻與個人證詞）都是相對清楚及少矛盾的，但只有一件（也是關鍵性的一件）迄今仍然梗在心頭，難以做出合理判斷，那就是有關一九四七年六~七月羅斯威爾墜毀時，機上外星生物實體的來源。

《外星人傳奇——首部》對以上問題做了詳盡說明，認為他們是來自距地球三十八點四二光年的澤塔 II 網罟座星系，幽浮圈內人的大部份意見也是如此。但寫作本書之際，我看到了卡米洛計劃（Project Camelot）的比爾・瑞安（Bill Ryan）與凱瑞・卡西迪（Kerry Cassidy）對五十一區 S4 內與 J-Rod 相處數年的科學家丹・布里施（Dan Burisch）博士，及利弗莫爾科學家亨利・迪肯的視頻訪問詞，後兩人一致認為一九四七年羅斯威爾的墜毀外星人是懷著善意來自地球與獵戶座的未來人，並非小灰人。

以上兩人的工作經歷在受訪前必已經卡米洛計劃證實，他倆是有信譽的人，沒有理由撒謊。其中丹並透露，這項訊息是 J-Rod 告訴他的，他已透過星際時空門將 J-Rod 送返他的未來（四萬五千年之後）家鄉。J-Rod 有必要撒謊嗎？

以上的矛盾資訊至今困擾著我，最後我想通了，維持開放心態是處理這類問題的良策，讓時間來證明一切。聰明的讀者，您認為呢？

第①章

# 星際時空門之實現：星體間時空穿越的秘密

一九五〇年代中期五十一區 S-4 設施興建之後，許多包括維爾／納粹和外星飛船被從代頓的萊特——帕特森空軍基地轉移到該處，從此高度保密的 S-4 設施就成了研究和逆向工程捕獲的維爾／納粹和外星宇宙飛船的所在。《外星人傳奇（首部）》——此後稱傳奇（首部）》敘及前 CIA 特工斯坦因／庫玻（Stein/Kewper）及曾短期在 S-4 設施工作過的鮑勃・拉扎爾都見證了陳列於 S-4 設施的飛船。斯坦因／庫玻證實了納粹飛船，拉扎爾則目睹了外星飛船，他還說他初到 S-4 設施時有人對他做了外星人與地球一萬年來歷史淵源的簡介，簡介中聲稱這些生物（指外星人）起源於澤塔網罟座星系（Zeta Reticuli 1 & 2），因此這些外星人也被稱為澤塔網罟座人（Zeta Reticulans），而一般人因其外形稱他們為灰人（Greys），這些灰人就是本章的要角，他們也是時間旅行的常客。

英國駭客加里・麥金農（Gary Mckinnon, 一九六六—）於二〇〇一年二月至二〇〇二年三月期間駭進了美國宇航局（NASA）與五角大廈的電腦，從而獲得非陸地（non-terrestrial）官員名錄，以及從艦隊到艦隊轉移的電子表格詳細說明。他還聲稱在地球軌道上看到了一個很大的雪茄形物體，很可能是一個秘密的空間站。麥金農所駭到的機密文件很可能揭示了包含宇航員和軌道空間站的秘密太空計劃（Secret Space Programs, 簡稱SSP）的存在。

的確，這個利用反重力推進系統進行深空操作的秘密太空計劃名為「太陽能守望者（Solar Warden）」，此名稱於二〇〇六年三月十三日於一個受歡迎的互聯網論壇《開放思想論壇》（*Open Minds Forum*）首次被提到。

其次真名亞瑟．諾依曼（Arthur Neumann）的亨利．迪肯（Henry Deacon）[1]，一位自稱曾在勞倫斯．利弗摩實驗室工作的舉報人，於二〇〇七年接受比爾．瑞安及凱瑞里．卡西迪[2]的卡米洛計劃[3]訪問時，曾提到並證實火星存在秘密的載人基地，以及用於往返的交通方式。他說運輸是通過兩種方式：人員和小件物品由星際時空門（star gates），大件物品的貨運則由航天器，替代艦隊的代號是「太陽能守望者」。亨利後來做了更正，前往火星的交通工具現在是通過跳躍室（jump rooms）而不是類似星際時空門的跳躍門（jump gates）。他並且估計，目前地球上至少有四十組不同的「外星」訪客，來自不同的地方或時間，有著許多不同的議程。他再次告訴卡米洛計劃採訪者，半人馬座阿爾法星A（Alpha Centauri A）是一個有人居住的系統。

亨利對奇異推進系統（exotic propulsion systems）也做了一些解釋。他說，有許多不同的技術。

他稍微了解的一個特點是在飛船前面創建了一個「重力井」。這個系統遠程看起來就像一個從中央「球體」投射出來的小型直線加速器（波導）的物理結構。他強調這是一個非常鬆散的類比，這是我們自己的一些先進飛行器使用的。

其他技術需要有意識地與飛行器互動的飛行員，正如菲利普．科索上校在他的《羅斯威爾之後的日子》一書中所報導的那樣。飛行員的情緒焦點必須非常穩定（幾乎任何當今地球人類都無法達到），出於這個原因，一些未來人類的時間旅行者已經通過生物技術「修改」以優化界面。

令人難以置信的是，亨利並說我們現在擁有的一顆衛星在億萬年前就已經被設計到位。當卡米洛計劃採訪者詢問這是由我們的祖先還是我們的創造者完成時，答案是「兩者」。他又說范艾倫帶（Van Allen belt）是在很久以前人工創造的，目的是為地球及其非凡的繁衍生命提供保護。[4]

上文亨利口中提到的「火星基地」，一些人可能感到困惑，也有興趣知道更多訊息。利弗莫爾物理學家亨利．迪肯（非真名）在比爾．瑞恩與卡西迪的訪問中說，火星基地人口眾多：幾年前為六十七萬人，這似乎是一個巨大的數字。前者問這些是否都是地球人類。後者回答說「這取決於你說的人類是什麼意思」。他隨後說，巨人族（Anunnaki）是其中的一員。

該火星基地已經存在了極長的時間（數萬年），幾個世紀以來它的人口有增有減；它位於「古老海床的底部」。它離這一張美國宇航局照片的位置「不遠」，那張照片是由一九七六年海盜二號（Viking 2）著陸器在火星廣闊的烏托邦平原（「無處平原」（Nowhere Plain），有時被稱為「烏托邦平原」（Utopian Plain））上拍攝。

亨利並表示，美國宇航局最近發布的、詆毀「火星人臉」概念的圖像已被篡改，大多數官方發布的美國宇航局照片中火星天空的顏色也已被篡改。（天空顯然比我們被允許相信的更藍。）[5]

亨利聲稱正在秘密進行的事情比在公共領域的期刊上發表的主流物理學領先幾十年。有一些項目涉及超出許多公共領域物理學家的信念或經驗、超出想像的主題。

亨利描述了一個這樣的先進項目，例如利弗莫爾的一個名為 Shiva Nova 的項目，該項目使用了巨大的雷射陣列。這些是巨大的雷射器、巨大的電容器、許多太瓦（tera watts）的能量，在一座建在巨大彈簧上的建築物中，都集中在一個微小的點上。這產生了一種聚變反應，複製了核武器試驗的某些條件。這就像實驗室條件下的核試驗，有非常強大的數據收集集中在所有能量集中的那個點上。問題在於，所有像這樣的極高能量事件都會在時空結構中產生裂痕。這在早期的廣島和長崎事件中已經觀察到。

根據亨利的說法，羅斯威爾事件實際上是關於未來人類執行利他主義任務的，時間倒退到一九四七年。由於高功率雷達，他們在那裡墜毀。一九四七年幽浮被發現後，軍方發現了一個裝置，一個盒子。正是這個盒子引入了時間門戶技術。羅斯威爾的訪客不是小灰人。與往常一樣，沒有解釋一九四七年的雷達如何擊落先進的飛行器。

未來的人類試圖補救這種情況，創造了多個不同的時間線，時間線的疊加，據稱對於普通人來說太複雜了。

亨利談到了一個巨大的天體，它繞著我們自己的太陽的長橢圓軌道運行，它是第二個太陽，並以各種方式對我們的太陽造成共振影響，這是所有行星變暖的原因，而不是單純的地球變暖。[6]

下文且來看看局內人口中的星際時空門（或稱為門戶 portals 或大門 gates）運輸究竟是怎麼回事？

## 1.1 翹曲區：瞬間穿梭於異次元的門戶

門戶究竟是什麼？英國作家與幽浮研究員奈傑爾・莫蒂默（Nigel Mortimer，一九五九 -）以其親身經歷回答了這個問題：

我們在馬蹄樹（Horseshoe Trees）的西圖（Settle）門戶遇到了一種奇怪的藍色薄霧或霧（這已被監視錄影捕捉到畫面），此外還有許多故事和傳說支持這種奇怪的雲或霧的觀點，這表明正在發生的可能相關過程，在事件的直接地點發生時間位移。我記得幾年前，可能是在一九八〇年代後期，我騎著摩托車沿著北約克郡長普雷斯頓（Long Preston）和西圖之間的主要道路行駛，突然在道路拐彎後，徑直進入道路表面上方的奇怪綠色薄霧。

當我進入大約十 碼時（霧變得又厚又密，所以我看不到周圍的任何東西，只能看到一種綠色的光芒），我被迫放慢了速度。當我停下來時，我的摩托車發動機熄火並且無法重新啟動。我擔心其他車輛可能會進入霧中並在路中間撞到我，我將摩托車推到霧看起來更清晰的一側，清晰度足以讓我看到一個小木屋，通往門口的路徑很短。

我開始查看摩托車，看看引擎出了什麼問題，但現在對我來說似乎很奇怪，我甚至沒有質疑為什麼會有綠霧或它是什麼？我沒有發現我能看到的任何問題，所以嘗試再次啟動摩托車但沒有任何反應。由於沒有工具可以打開發動機側面板以查看是否有電氣問題，所以我決定向小木屋借用螺絲刀或從車庫尋求幫助。

我敲了敲門，開門的是一位老太太。她對我來說似乎很熟悉，但我之前從未真正注意到她住的這小屋，所以我認為她看起來像我過去見過的人。然後事情變得很奇怪。我甚至沒有請她幫忙，她就帶著和藹可親的微笑邀請我進去。下一步似乎我穿過門走進一個帶一把椅子和一張小桌子的小廚房。我們二話不說，她給我端來了一杯茶，但我注意到茶杯很舊，很精緻。看起來像是維多利亞時代的東西。我一邊喝著茶，一邊不覺得著急，彷彿在候車室裡，所有的問題都得到了解決。我感到平靜，放鬆，不著急。

「你可以上路了，」白髮髻的老太太說，「謝謝你再次來看我。」甚至當她說「再次」時，雖然我知道我以前從未來過這間小屋，也從未見過這個女人，但我只是回答「是的，謝謝。」然後走出門，這似乎很正常，回到我靠在路邊乾石牆上的摩托車。我騎上摩托車，一腳啟動著，機器立即轉動了發動機，完全沒有問題。當我走在路上時，我沒回頭，也沒有看我的後照鏡，那裡沒有任何奇怪的綠霧現象。在我進入那個非常不尋常的場景之前，道路和之前一樣清晰，回到家時，我專注於雙向的正常交通流量，讓我暫時忘記剛剛發生的事情。

不到一個月後，我決定返回西圖，看看我是否能找到這一切發生在我身上的地方。直到今天，我從未發現過那間特別的小屋，也從未見過那條覆蓋著綠霧的路。就好像整件事都沒有發生過，除了一件小事。大約六個月後，我在家里維修我的摩托車時，看到座椅下面有一些閃亮的東西。我鬆開座椅的螺絲釘並抬高座椅後，露出一把非常舊的螺絲刀，可能有五十年的歷史，這是我以前從未見過的。手柄微弱且遭磨損，但露出一層綠色油漆，與我看到的霧氣顏色相同。[7]

奈傑爾說，他現在可以看到一些因素，這些因素可能表明他那天確實穿越了時間，或者可能某種情報試圖給他這樣的印象，即他也許得到了來自不同時代的幫助。就好像時間和空間中的兩個不同位置，通過一種我們尚未完全理解的方式連接在一起。我們現在確實明白，這可能發生在非常微小的經驗水平上，在這種情況下，兩個粒子的量子糾纏被創造出來，它們在某種意義上是聯繫在一起的。一旦進行實驗以記錄一個粒子的特性，另一個粒子就會知道並採用相反的狀態。這被證明在很長的距離內發生，理論表明這個距離是無限的。[8]

以上奈傑爾描述的門戶，其聯繫的是相同維度（dimension）和不同時空的兩區，但這也可以溝通不同維度。維度不同的概念，我們無法觀察到，因為它們具有更高的振動頻率。

《外星生命形式百科全書》的作者認為：來自安塔爾（Antares）恆星系統的觀察者正在觀察地球

人族，他們知道「翹曲區」（Warp Zones）的指導方針是來自安塔爾恆星系統的中心，並為這個宇宙和其他宇宙的幾個主要地點繪製隧道，這些是來自所有宇宙的幾個旅行者的「門戶」（Gates）。[9]

秘密太空計劃局內人馬克・理查茲上尉（Captain Mark Richards）在受訪時提到，人們沒有看到這些巨大的飛船從地球起飛進入太空的原因，是因為它們可以很容易地通過門戶運送物質材料，然後美國軍方可以使用小型飛船來攜帶這些材料給飛船。所以這就是為什麼沒有那麼多大型飛船被目睹，或者艦隊當局不必擔心隱藏大型飛船的原因。馬克並且說，太陽能守望者可以遠到月球和火星。他說在那之後，嘗試運送東西是很冒險的，意思是通過門戶。這確實與五十一區 S4 科學家——丹・布里施（Dan Burisch）所說的略有吻合（見第 2 章）。[10]

據馬克・理查茲上尉，上文提到的火星基地是美國所擁有，其一切設施都在地下。除此，美國在木星和土星的衛星也有基地，例如木衛二號的 EUROPA，美國在該處有一個設施和十六個機器人基地。[11]

馬克・理查茲上尉說，顯然這裡有許多不同種類的星門，地球上的星門，其中一些是涉及漩渦的天然星門，有些你可以使用去月球和火星。又說，最容易運輸的是物質與物品，它們比運送人運得更多，但你絕對可以透過門戶來輸送，而且他和他的父親都定期在地球到月球和火星之間進行運輸工作。[12]

利弗莫爾物理學家亨利・迪肯（非真名）在比爾・瑞恩與卡西迪的訪問中說，據他所知，丹・

布里施關於星門的信息有95％是正確的，但缺少的5％是他對丹描述的大型鏡面鏡卻一無所知。他說伊拉克星際時空門是伊拉克戰爭的真正意義所在，它的位置是最大的秘密之一，戰爭至少部分是為了控制它。採訪者問他是如何知道這一切的，他是在簡報中讀到的嗎？他說，不，不是簡報文件。他唯一會說的就是「第一手知識」。後來在單獨的談話中，亨利進一步說明星際時空門，他說穿越星門的旅程是「瞬間的」，他給人的印象是星門轉換的經歷既令人迷惑又令人振奮。他將人造星門的外觀描述為毫無特色的灰色表面。他說，自然星門有不同的外觀，更難被發現。[13]

另一位舉報人科里．古德（Corey Goode）則報導得更為詳細與廣泛，他聲稱曾在屬於這個高級秘密空間計劃的不同航天器上親自服務了二十年。他說太陽能首望者群組是SSP集團的較資深者，他們的大部份船隊都是在一九八〇年代與一九九〇年代製造的，後經不斷升級，美國海軍是這個SSP的主要推動者，而雪茄形航天器是專屬於太陽能守望者，其他後起的SSP航天器則擁有更現代化的設計。

古德在外太空的太陽能首望者航天器上做完二十年任期之後，他說當他回到地球時其生理年齡與時間均回歸二十年。換句話說他瞬間回到原先離開地球時的狀態，而其二十年期間的外太空工作記憶也遭抹除。這究竟是怎麼一回事？此情節與二〇〇七年三月十三日晚上七時至三月十五日凌晨五時，美國核攻擊潛艇胡聖安號在百慕達水域突然神秘失蹤十小時的事件類似，均屬不可思議。後來該潛艇突然復出水面後，船長卻說他一切依照演習程序，期間不過經過五分鐘。胡聖安號在失聯後又復出的兩個場合，似乎經歷兩個不同時空。

古德的事跡始終透著一股迷霧，無法證實，唯一可支持其說法的是除他之外另有其他具有相同經歷的人所提供的證詞。如果古德所述為真，首先要問的是美國海軍當局為何要如此做？也許主要動機是保密。其次，軍方如何擁有此項技術也始終是個謎。而古德瞬間從SSP的時間框架回到地球的時間框架，顯然是利用時間旅行（time travel）的技術。有關古德事跡的詳細情節說明見《傳奇（首部）§2.2》。

當然，古德的說詞聽起來難以置信，但從科學觀點看並非全然不可能。自從一八九五年英國作家威爾斯（Herbert George Wells, 1866-1946）的第一本科幻小說《時光機器》（*The Time Machine*）出版後，時間旅行即成為哲學和小說中廣泛認可，及最後普及化於大部份民眾的概念。從埃本人（Ebens）自其遙距地球三十八點四二光年的賽波（Serpo）星旅行到地球僅費時九個月（他們有時也宣稱僅花九十一天）的事跡看，如今時間旅行可能是一項事實，而非僅止於概念。

依據《時光機器》描述，通過使用飛行器或其他裝置，人類能夠有目的且有選擇性地向前（未來）或向後（過去）穿越時光，為何能做到此境地？威爾斯認為時間是空間的第四維度，他說除了我們的意識沿著它（時間）移動外，時間與空間的三個維度之間沒有任何區別。他的此種說法顯然是受到當時某些神學派系的共同影響，後者認為整個宇宙都是意識的體現。這意味著時空穿越的能力可能需要有一定的意識水平。

上文提到的「向後（過去）穿越時光」的說法並無法從目前的科學理論去解釋，原因是如果您能比光旅行得快，則相對論意味著您可以回到過去，然而超越光速是不可能的。縱然如此，霍金（Stephen Hawking）為「回到過去」提供一條可能的出路，那就是設法扭曲時空，使得A和B之間存在一個稱為蟲洞（wormhole）的捷徑。蟲洞是一個時空細管，它可以連接兩個相距遙遠卻近乎平坦的區域。因此，蟲洞就像其他任何比光速還快的旅行方式一樣，將允許人們回到過去。[14]以上的所謂「回到過去」，純粹是就物理意義而言，衡之實際，「回到過去」尚受限於一個重要條件，即當您返回到過去時，您將無法更改歷史記錄。這意味著您將沒有自由意志去做自己想做的事，否則就會演變成您可能錯殺（或謀殺）您的祖父的祖父的詭論。關於此，霍金提出一個稱為「替代歷史假說」（alternative histories hypothesis）的可能解決方案。它的大意是，當時光旅行者回到過去時，他們會進入與記錄的歷史不同的其他歷史。因此，他們可以自由行動，而不受須與其先前歷史保持一致的約束。[15]

因此若據上面陳述，從超光速旅行到沒有自由意志的限制條件，「回到過去」實際上是不可行的，也不會發生。然而費城實驗與蒙托克計劃的結局卻可能改變這個結論。此外，關於上文「回到過去，錯殺自己祖父的祖父」的詭論有一個有趣的反駁說法，讀者不妨自行判斷其合理性。二〇〇六年十月六日卡米洛計劃的比爾．瑞恩在對利弗莫爾物理學家亨利．迪肯進行採訪時，後者提到：「時間循環（time loops）的情況是存在大量並行時間線，大量分支。沒有悖論。如果你回到過去殺了你的祖父，這就是大家都在談論的祖父悖論，沒有悖論。當你回去改變過去時，它會創建一個不同的時間線，這是原始時間線的一個新分支。

在那個時間線上，你不會出生也不會存在，所以悖論的這一方面是真實的。你有看到？但在這個時間線上，你此時此地，你確實存在，並繼續這樣做。沒有悖論。很簡單……你明白嗎？您正在處理一種時間樹的不同分支。沒有違反原則。所有未來事件都是可能性，而不是確定性。這是非常重要的，重要的……區別。這就是我能說的。」[16]

從另一個視角看，回到過去的不可能性純粹是從目前人類的進化水平所得的看法，並不表示進化水平與人類相差懸殊的外星人也受限相同物理框架。但即使人類本身，回到過去的事情據說曾發生過。秘密太空計劃局內人馬克．理查茲上尉在受訪時說：「時間旅行實際上是納粹的時間旅行技術，它本質上是從貝爾（Bell）公司出來的，他們自四十年代以來就擁有這種技術。他們確實有辦法到另一邊的平行地球（Parallel Earth），帶回納粹甚至其他生物。他們正在研究所有這些方面，以便他們會見以這種方式變得更年輕的納粹分子。但到平行地球去尋找你的分身（雙人）非常危險……，警告不能碰它們……會很困難。

納粹——時間旅行和逆轉衰老……他們在長壽和減少衰老方面取得了長足的進步……，一千多位納粹軍官和科學家已經減少了衰老……在無害的工作中。並秘密從事太空計劃。最容易藏身的地方是德國。（躲在平原）……自一九八二年開始，減齡者更容易融入社會……。」[17]

馬克又提到洛斯阿拉莫斯，這包含一個門戶，基本上位在美國西南部。他說澳大利亞是一個非常強大的地區，星際大門就位在澳大利亞內陸。他說，我們周圍的奧爾特小行星雲（Oort cloud of asteroids）使他人很難在不使用門戶的情況下到達我們，換句話說，如果他想使用航天器飛到這裡是很困難的，而土星和木星則有通往其他維度的大門戶。[18]

馬克說，你可以在任何地方創建一個門戶。人類可以創建一個我們有能力去的門戶。中東戰爭時美軍在猛龍（Raptors）的幫助下守衛星際之門。在伊朗和伊拉克之間在一系列山脈中有許多大門，但它們不斷地上下浮動……因為大門不會留在原地，因此它們很難守衛。[19]

外星人除了自然門戶外，也使用那些需要去物質化的跨維度門（interdimensional gates），當他們在另一端重新實體化時，他們不是以同一個生物體存在，人類可以做同樣的事情，但他們會猶豫不決，而且他們大多數甚至像馬克本人一樣，不願通過某些必須使自己非物質化的門，因為當他們再次出現在另一邊時，他們基本上必須死過，才能出現在那裡。

他們確實以人類的形式出現，所有的記憶都完好無損，等等，但他們與進入維度門之前的那個人並不完全相同。可以這麼說，它是複製（duplicate）的。如果他們回來並穿越回來，他們必須再次死亡、非物質化和重新物質化，再次擁有他們死亡前的相同配置，馬克說這是非常有害的。在這種門戶中往往有一個有辱人格的過程，因此馬克拒絕使用它們。他說，然而，灰人一直在使用這技術，這就是他們的種族在某些身體水平上如此分歧的部分原因，他說這也會影響他們的心智能力。[20]

但「向前（未來）穿越時光（或稱時間膨脹，Time dilation）」卻是有科學根據的。愛因斯坦的狹義相對論預測「與固定框架相比，移動框架中的時間流逝更慢。然而若要真正能感覺時間的慢流逝，則物體移動的速度須要快到能接近光速。」因此之故，您要旅行到未來多長時間，將取決於飛船的速度和旅行所花費的時間。可以說，通過長時間的以極高速度旅行，這構成了時間旅行的主要機制，此處有一點要注意的是「所謂穿越到未來並非指穿越到自己的未來，如果是這樣，那只能在電影或小說中出現。」。想像時間膨脹的簡單方法不妨將它想像成「您正在觀看比正常速度慢的電影」。[21]

## 1.2 麥田圈的使命：跨維度物種給地球人的珍貴訊息

外星飛行器具有尺寸因素和／或尺寸起源。要理解這個概念，你必須意識到我們生活在一個由十個維度組成的宇宙中；九個空間和一個時間。但在地球上，我們只使用四個維度；三個空間和一個時間，因為在地球上其他六個維度被壓縮在一個抽象維度。

根據兩位物理學家約翰．施瓦茨（John Schwartz）博士（美國）和邁克爾．格林（Michael Green）博士（英國）的理論，我們原子結構的粒子具有十個維度的一致性。對於要建立的系統，在大爆炸（Big Bang）之後，維度崩潰並產生了六個其他維度的壓縮效果，它們將成為一個維度。

外星人使用了以上這種知識，他們稱之為諾德瓦格因子（Nordwag Factor），這增加了一個大的加速度或粒子場，並重建了一個新的維度空間。這意味著外星飛船的內部尺寸比外星飛船的外部尺寸大得多。

一些類似影響超過三維（空間）和四維（時間）到六個其他維度：宇宙理論是多重宇宙理論（Multiverse）而不是單一的宇宙理論。我們的宇宙是多重宇宙總數的一個部分。[22]

我們地球人存在於第三維度，因為我們的原子具有特定的頻率，這使我們能夠存在於第三維度。這個特定的頻率在我們的一生中都足夠穩定。維度的一個快速概念告訴我們：

這就是多元宇宙概念背後的全部想法，不僅僅是一個宇宙，而是無數個平行宇宙。使用數學對這個概念進行簡化告訴我們，存在的更高或更低的數字沒有限制。計算這些數字是不可能的，就像不可能計算出多元宇宙可能性的擴展一樣。

如果我們能夠加速或減速頻率以使我們能夠存在於第三維度，我們就可以跳到第五維度或多元宇宙。為了更好地理解這個想法，試著認為這一切就像聽收音機一樣。當您收聽收音機時，您是在收聽單個廣播電台，在同一個頻率上，通過切換到不同的廣播電台，您必須切換到不同的頻率。這是通過收音機前面的頻率調諧旋轉鈕來實現的，但是因為您在單一頻率上收聽單個廣播電台，並不意味著其他頻率上的電台不存在。

多元宇宙中的其他宇宙也是如此，它們的頻率與我們不同，只是我們還不知道。為什麼我們在第三維度而他們在第五維度？為什麼不反過來呢？很簡單，「基於視角，他們將我們視為他們的第五維，而我們將他們視為我們的第五維。」同樣，這只是一個視角問題。

異次元旅行者通過粒子的某種加速過程來到我們這個維度，賦予他們在維度之間跳躍的能力，但為什麼他們先選擇英格蘭，然後選擇場（fields）？答案是，對於多元宇宙中存在的幾個文明之一，英格蘭擁有所有合適的條件，可以透過麥田怪圈（crop circles）與我們聯繫。他們如何能夠完成這項任務的所有答案都在於一個巨大的史前能量迴路。

英格蘭有一個複雜的能量網絡，與古墳墓和石圈或石陣相互聯繫，所有的遺址、石陣、土丘都是與能量線相連的地下水有關。這會產生某種由水再加上地下石英沉積物的存在而產生的自然電磁力場。

此外，月球引力對水和陸地質量的影響，以及來自石英的電磁電荷的積累也會產生週期性的能量放電。因此，能量螺栓（energy bolts）為這些其他維度的文明提供了必要的條件，以便外星人能夠開始對我們的宇宙和／或星球進行試驗。

外星人已經開始向這裡發送探測器，以便能更了解自然條件或我們的宇宙和星球。探測器被限制在一個特定的能量半圓頂，一個圓圈，在他們掃描了能量螺栓的區域中。在以上的安排中，我們的眼睛在那一刻無法看到探測器，因為我們的視覺限制，無法看到紅外線和紫外線頻率之間的頻率。當然，如果您能夠使用紅外線或紫外線設備檢測到該設備，那麼您將能夠看到它。[23] 據丹・布里施博士，跨維度物種不會直接與我們交談，而是通過 P-52 獵戶座進行交流。[24]

門戶傳送的另一個有趣問題見於二〇〇六年十月六日卡米洛計劃的比爾・瑞恩（Bill Ryan）對利弗莫爾物理學家亨利・迪肯的訪問：[25]

比爾：我一直對時間傳送門的想法有疑問，因為我不明白它們如何或為什麼在行星穿過太空時留在行星的某個位置。如果一個門戶是在時空中創建的，你會期望它會隨著地球的旋轉很快被拋在某個地方，並在其軌道上旋轉，而太陽系本身也在以一個巨大的周期繞著銀河系運行。我的意思是「一切一直都在運動」這是眾所周知的。你能解釋一下嗎？

亨利：不，我不能……但我知道你的意思，而且門戶確實停留在特定的位置，有點錨定在這個星球上；那確實是如此發生的。為什麼他們不會被拋在後面或只是漂浮在某個地方，我不知道。也許它們以某種方式被引力錨定。你的猜測和我的一樣好。其中一個門戶連接到火星，無論地球和火星在其軌道上的哪個位置，它都是一個穩定的連接。我們在六十年代初在那裡建立了一個基地。實際上，我們有許多基地。

最後，亨利說（可能開玩笑）他懷疑埃本人可能是通過星際時空門來到地球，而非耗了九個月才來到地球。

麥田怪圈現象不是現在才開始，甚至不是幾十年前，而是幾個世紀前開始的，只是變得越來越複雜。通常，您通過附近空氣的電離來檢測圓圈的接近度，即溫度和／或當粒子在我們的現實中半穩定時，由粒子加速產生的特徵聲音。

外星人現在正在全球各地進行試驗，一直在尋找與英格蘭類似的條件來發送訊息，「非常特殊的訊息」，使用能量圓頂（energy domes），這是來自粒子加速器設備的粒子流。很快，他們將能夠在我們的現實中完全具體化和真實存在著。[26]

維度旅行的概念對一般人而言也許較遙遠，不妨將旅行的概念暫時限制在本維度之內，然而在進入維度內時間旅行主題與一些奇異實驗的描述之前，讓我們重申宇宙的一些星際黃金法則。這樣做的原因是，為了即將面對的奇異現象和不可知世界，設置一些我們與外星世界之間共同遵守的法則是必須的。

## 1.3 宇宙間星際黃金法則：能量形式以真空量子漲落攜帶能量

一八九五年塞爾維亞裔美國發明家尼古拉・特斯拉（Nikola Tesla, 1856-1943）在進行升壓變壓器研究時即首先指出，時間和空間可以使用高度充電的迴轉磁場加以影響。通過這些高壓電和磁場中的實驗，特斯拉發現時間和空間可能在其間遭破壞或扭曲，並形成一個可能導致其他時間框架的門戶。然而他同時也發現隱含的真正危險。果不其然，數十年後的費城實驗（Philadelphia Experiment）與蒙托克（Montauk）時間旅行計劃，其實驗結果都超乎原設計者的想像，且看以下對這兩計劃的敘述。然而在進一步對宇宙與時空進行探討之前，讓我們對用於宇宙的一些星際黃金法則[27]做一些認知上的設定：

1. 物理定律不會隨時間變化。

2. 物理學定律在宇宙中的每個位置都是相同的。

3. 物理定律與相對於宇宙的方向無關。

為何能建立以上三個認知上的設定？《真正關於時間：時間旅行的科學》作者約翰·奧利弗·瑞安提出以下說詞：我們可以觀察到來自附近星系的電磁輻射（例如光）光譜。仙女座（Andromeda）星系距離地球大約兩百萬光年，這表明仙女座星系的微弱光線需要花兩百萬年，去行走兩千萬億公里的距離，才能到達我們的望遠鏡和光譜儀。因此，我們今天觀察到的仙女座星系的光起源於兩百萬年前的仙女座星系。然而，組成該星系的各種類型原子的光譜與地球或太陽中這些相同原子的光譜相同；同時由於產生光的機制是物理定律，因此我們有理由得出結論，今天在地球上適用的相同物理常數和定律，也適用於兩百萬年前和大約兩千萬億公里外的仙女座星系。除了以上三則星際黃金法則外，還有另一法則在狹義相對論中起著至關重要的作用，即是：[28]

4. 物理定律在彼此相對一致運動（一致運動代表固定速度的直線運動）的不同框架中是相同的。

最後，回想一下，霍金在提出其黑洞輻射理論時曾說過，空蕩的空間並不是真的為空，它充滿各種量子漲落，而真空量子漲落可以攜帶能量。事實證明，隨著早期宇宙中基本粒子間，力的性質隨著溫度的變化而演變，在真空中以量子漲落的形式存儲的能量有可能成為宇宙中的主要能量形式。這種真空能量可以排斥重力而不是吸引重力。如果能轉化此種真空能量為航天器所用，則宇宙雖大，卻無遠弗屆。

有了一些星際基本法則之後，且讓我們來看看以下兩個奇怪實驗可能產生什麼後果：

## 1.4 地球真實的時空旅行經驗——費城實驗與蒙托克計劃

費城實驗是一項據稱的軍事實驗，一九四三年十月二十八日前後由美國海軍在賓夕法尼亞州費城的費城海軍造船廠進行該實驗。據稱，美國海軍驅逐艦——埃爾德里奇號（USS Eldridge）在實驗過程中變得不可見（或「隱身」到遠方）。然而美國海軍堅稱，從未進行過此種實驗，故事的細節與埃爾德里奇號的既定事實相矛盾，並且這個奇怪實驗的宣稱也不符合已知的物理定律。事情真相究竟如何？根據包括阿爾弗雷德・比勒克（Alfred Bielek）、普雷斯頓・尼科爾斯（Preston B. Nichols）和卡爾・艾倫（Carl Allen）（通常稱自己為卡洛斯・米格爾・阿連德，Carlos Miguel Allende）的一些目擊者稱，一群為美國海軍工作的科學家於一九四三年透過高電壓使以上這艘船從費城碼頭失蹤。這一事件，通常被稱為費城實驗，顯然是海軍為試圖實現隱形而發起的一系列長期實驗之一，其目的是使美國戰艦在二戰期間擁有超過軸心國潛艇的強大優勢。

根據這些證人的說法，該計劃被稱為彩虹計劃（Project Rainbow）。負責交流電的傑出發明者尼古拉・特斯拉（Nicola Tesla，1856-1943）和出色的數學家約翰・馮・諾伊曼（John von Neumann，1903-1957）博士兩人是安裝在埃爾德里奇號上特殊高壓設備的主要設計師。特斯拉的事蹟在《傳奇（首部）》已略有介紹，而馮・諾伊曼則是匈牙利裔美國數學家、物理學家、計算機科學家、工程師和博學家。馮・諾伊曼通常被認為是他那個時代最重要的數學家。

故事的開始宜從阿爾弗雷德・比勒克及其兄弟著手。對大多數人而言，阿爾弗雷德・比勒克的身上充滿著解不開的迷霧，《秘密科學與秘密太空計劃》一書[29]作者赫伯特・多西三世（Herbert G. Dorsey III）提到，在一九八〇年代中期至一九九〇年代後期，他參加了在加州洛杉磯，亞利桑那州塞多納（Sedona）和科羅拉多州科羅拉多斯普林斯（Colorado Springs）舉行的許多幽浮和 New Age 研討會。他在所有地區都遇到阿爾弗雷德・比勒克，他說他在五個不同的研討會上見過比勒克，並與後者多次交談過。[30]

比勒克聲稱他曾參與費城實驗和蒙托克計劃。他說，約翰・馮・紐曼領導的蒙托克計劃於一九八三年完善了隱形傳送（teleportation）和時間旅行。比勒克還證實，托馬斯・湯森・布朗（Thomas Townsend Brown，詳情見《傳奇（首部）》）、特斯拉和愛因斯坦等人都參與了費城實驗。愛因斯坦實際上已經完成了他的統一場論（unified field theory），但是自從彩虹計劃中使用此論以來，統一場論就被列為軍事機密。

更奇怪的是，比勒克聲稱他最初的名子叫愛德華・卡梅隆（又稱埃德・卡梅隆，Ed

Cameron）。年輕時埃德．卡梅隆前往普林斯頓，在那裡他與馮．諾伊曼博士會面。他後來在哈佛大學獲得博士學位。然後在一九三九年，埃德和他的兄弟鄧肯．卡梅隆被招募到海軍工作。馮．諾依曼招募了兩個兄弟，共同參與彩虹計劃。但是參加該計劃首先他們必須重新學習物理學，因此馮．諾依曼教給他們重力、量子物理學和時間是如何真正起作用的學問，這樣做的原因是埃德．卡梅隆必須學習隱身（invisibility）背後的物理學，才能向海軍報告進度。

這兩兄弟被分配到賓夕法尼亞號的航空母艦，並計劃於一九四一年十二月五日前往珍珠港。但命令被取消，他們被改分配到護衛驅逐艦埃爾德里奇。一九四三年七月二十二日晚上九點（這個日期是根據幽浮作家達文波特的著作 Davenport, 1994, p.221，但一般是認為事件發生在十月二十八日前後），船上設備被打開。該艘船無論從光學上還是從雷達上都變得不可見。當設備關閉時，發現一些船員的身體部分與船上艙壁和甲板的鋼鐵混合在一起，其他船員則身體著火燃燒、眼睛看不見、身體漂浮在空中或無法移動，大多數人因恐懼而歇斯底里。

因為以上的緣故，船上設備被更改為僅實現雷達的不可見性，而不實現光學的不可見性，此外並組建了新的艦組人員。八月十二日上午，設備開關又被拉開了。大約一分鐘或更長的時間，雷達看不見埃爾德里奇號。然後出現閃光，船完全消失了。再一次，艦組人員發瘋了。當時兄弟兩人都在埃爾德里奇號上，受到驚嚇且擔心最壞情況來到的阿爾弗雷德．比勒克（當時名為愛德華．卡梅隆，Edward Cameron）和他的同父異母兄弟鄧肯．卡梅隆（Duncan Cameron）都是負責開始和停止實驗的物理學家，他們跳落海水。怪異的是他們不是著陸在費城港，而是著陸在紐約長島蒙托克陸軍基地（Montauk Army Base）的草地上。

儘管跳水時是早晨，但著陸時卻是夜晚。不僅如此，當他們在草地上正不知怎麼辦時，忽見前方憲兵正等著他們。他們被帶入一個地下綜合體，在那兒當時已經四十歲的馮．諾伊曼博士向他們表歡迎。馮．諾依曼告訴震驚的兩人，由於在蒙托克站點進行測試的實驗性時光機產生的時間扭曲場的相互作用，他們被吸引進入超空間並進入未來的一九八三年。[31]〔請注意，依達文波特著作的敘述，早於一九五七年二月八日死於骨癌、胰腺癌或前列腺癌的馮．諾依曼，顯然似乎早算準了卡梅隆兄弟倆將來到一九八三年，他則先一步也來到了一九八三年，專程等候他倆。〕

達文波特問阿爾弗雷德．比勒克，出於某種未知原因，馮．諾依曼（von Neumann）是否有可能偽裝成老四十歲的容顏。

「絕對不可能，」他說

「你怎麼能確定？」達文波特問。

「因為我們看到了現代計算機、計算機圖形顯示、彩色電視等，並看了幾個小時的電視節目。」[32]

這位年邁的科學家隨後告訴兩兄弟，他們的飛船在超空間中迷路了，必須將他倆送回艾爾德里奇號去關閉隱形電子設備的電源，以使飛船在正常空間中重新出現。如果需要的話，無妨將其摧毀，原因是事件造成了嚴重的時間裂痕。他重申設備必須關閉，否則可能會造成災難性的後果。

「怎麼可以回到那裡？」他倆問道。

「不用擔心，我們會帶你們回到那裡。」馮．諾伊曼告訴他們。「有了這個站點（指蒙托克的設施），我們可以完全控制時空，我們可以將你們發送到時空的任何地方。」

馮．諾依曼確實將他倆遣送回去，他們確實摧毀了設備，海軍宣布彩虹計劃不切實際並放棄計劃。多年後，比勒克和鄧肯與馮．諾依曼博士一起在蒙托克的鳳凰計劃（Project Phoenix）上工作。這是同一個計劃，當年馮．諾伊曼博士曾藉著該計劃將他倆送回一九四三年。比勒克在他與布拉德．斯泰格（Brad Steiger）及雪莉．漢森．施泰格（Sherry Hanson Steiger）合著的《費城實驗和其他UFO陰謀中的彩虹計劃》一書[33]中詳細介紹了他在彩虹計劃中的故事。

普雷斯頓．尼科爾斯在《蒙托克專案：時間的實驗》[34]中詳細描述了他自己和比勒克、馮．諾依曼及其他人如何使用鳳凰計劃時光機，探索地球的過去和未來數千年的故事。這項工作發生在一九七九年至一九八三年之間，當時該計劃（指鳳凰計劃）被放棄了，這也包括一九四三年以來埃爾德里奇號的輸送。

艾倫、比勒克、尼科爾斯和其他人講的故事，即使對於那些花了多年時間研究幽浮神秘奇異細節的研究人員而言也很難相信。除了時間旅行外，其中還涉及精神控制、心理預測、年齡回歸（age regression）、靈魂從一個身體轉移到另一個身體、在火星上金字塔內旅行以及使用價值數十億美元的失竊黃金為秘密項目提供資金等。尼科爾斯說，他工作的時間機器可能是基於外星人的設計；特斯拉聲稱經常與外星人交流；而比勒克告訴達文波特，他親眼看到並與幾組不同的外星人一起工作，其中包括身材矮小的「灰人」（Grays），他說這些灰人在蒙托克的地下設施內「遍地都是」。他說外星人「提供了使該（蒙托克）項目成為可能的技術專長。」

這些故事甚至更難以記錄。政府正式否認曾進行過任何實驗。前蒙托克陸軍基地的地下空間已用混凝土密封。每個目擊者都說他和他的同伴都被洗腦過並賦予新的身份，直到很久以後當時有關費城實驗的電影上映，對蒙托克遺址的參觀等引發了他們的記憶後才回想起他們的參與過程。有傳聞說，情報人員經常令他們自願地接受藥物治療和催眠，以消除對國家安全有害的記憶，並以無害的屏幕記憶代替那些有害的記憶。比勒克和尼科爾斯的故事中一些更怪異的敘述，可能是由類似的重新編程（reprogram）過程引起的。[35]

阿爾弗雷德．比勒克的故事尚未結束，但接下來的內容似乎更怪誕與難以置信。埃德．卡梅隆後來被送到洛斯阿拉莫斯國家實驗室（Los Alamos Lab），與愛德華．泰勒（Edward Teller）博士合作進行氫彈項目。他在一九四七年與泰勒發生分歧後離開了這個計畫。後來，埃德與傑克．里德利（Jack Ridley）合作開發了一種用於太空的離子火箭驅動系統，該系統在一九五三年成功開發出原型，可持續二十分鐘產生一千兩百磅推力。埃德父親告訴他們，他們應該創辦公司，因為這將是未來的技術；他還提出願為公司融資。

因此，他們成立了加利福尼亞公司 JRC 企業。但是，顯然一些有權力的人不希望開發離子火箭發動機，埃德懷疑克里斯塔迪研究小組（Cristaldi Research Group）是其中之一。不久，一群黑行動士兵強行將埃德帶離他的辦公室，並把他安置在前往五角大廈的火車上。埃德從那兒被帶到弗吉尼亞州的麥克萊恩堡（Ft. MacLean）。那裡有一個隱形傳送門（teleportation portal），用來將埃德送往繞著最亮的阿爾法半人馬座一號（Alpha Centauri One）恆星運行的行星。

在半人馬座阿爾法星球上，埃德被半人類的外星人徹底詢問了他生命中許多不尋常的部分。埃德認為他最好說實話，否則他可能永遠不能回到地球。埃德曾一度詢問他們是否了解克里斯塔迪研究小組。外星人說：「哦，是的，那是我們營運的。」幾天的詢問完成後，埃德被送回了麥克萊恩堡。在那之後，他的生活陷入了困境。他當時在五角大廈，問聯合參謀長們（joint Chiefs）他未來的任務是什麼，他們說他們不知道。最後，他與參謀長聯席會議主席進行了交談。埃德解釋說，他需要一個項目來進行工作，沒有一個項目，那將是生命的浪費。主席的眼裡滿含淚水，回答說這件事是他無法控制的。

終於在一九五三年八月十二日，埃德回到了蒙托克，其年齡回歸（age regressed）時光倒流回到了一九二七年，他以阿爾弗雷德．比勒克的身份開始了新的生活。以上比勒克的故事任何人聽了都難以置信，但他沒有理由冒著信譽風險去說這種謊話，這對他有何好處？

比勒克的故事重點環繞著「時間旅行」（time travel），特斯拉是第一個針對它進行實驗的人，這在鳳凰計劃中非常完善，該計劃是在彩虹計劃和費城實驗之後開始的。事實上，許多參與蒙托克計劃的人聲稱已經製造和完善化了傳送（teleportation）和時間旅行技術。

根據比勒克的說法，八月十二日是非常重要的日子，因為每二十年就會發生一次地球生物震顫（Biorithym），而於八月十二日達到頂峰，且每十年出現一次小高峰。因此，一九四三年、一九六三年、一九八三年、二〇〇三年和二〇二三年將是高峰年，而一九五三年將是次要的（較小的）高峰年。在這些年裡，時間門戶的傳送功能似乎表現得更好（即更有利於時間旅行）。

赫伯特・多西三世還提到一件有關目睹自由能機器（free energy machine）的往事，而自由能正是進行星際旅行重要的燃料能源。他說他在普雷斯頓・尼科爾斯與阿爾弗雷德・比勒克共同於一九九三年在科羅拉多斯普林斯舉行的國際特斯拉協會（International Tesla Society）舉辦的 Delta T（時間變化）研討會上，目擊了約瑟夫・紐曼（Joseph Newman）的自由能機器展演，自此他成了自由能機器的信徒。[36]

究竟時空穿越是否僅是一種幻想？下文對此課題嘗試提出進一步的探討。

## 1.5 元素 115 強核力場大規模的引力效應，扭曲時空連續體，縮短時空旅行之距

在《時光機器》出版後十年，阿爾伯特・愛因斯坦（Albert Einstein，1879-1955）在他的相對

論四維時空（或稱超空間，hyperspace）的假設中，基本上證實了威爾斯的假設。愛因斯坦的理論為穿越時空的可能性提供了新的、令人矚目的動力。一九四七年羅斯威爾飛碟墜毀事件發生，人們意識到，如果其他恆星系統的居民能夠到訪地球，則他們必然是通過時間旅行的方式，而非以耗時多年的方式抵達地球。這使得多年來只能是一種哲學和科幻概念的時間旅行，變成了未來可能付之實現的實際行動。（按：值得一提的是，利弗莫爾物理學家亨利．迪肯（非真名）與曾在 S-4 工作的科學家丹．布里施共同認為，一九四七年墜毀於羅斯威爾的飛碟與乘客是來自地球的未來，他們不是灰人。）

儘管從一九四〇年代後期至一九五〇年代在美國境內有許多不明飛行物墜毀的事件發生，但美國政府從未承認其中任何一件，不但如此，它還盡可能地掩飾事情真相。這種態度終於使一個本來不信幽浮現象的重要科學工作者，轉變成幽浮現象的信從者。艾倫．海尼克（J. Allen Hynek）博士擔任過美國空軍在兩個項目下進行的幽浮研究的科學顧問，該兩個項目是 Sign 項目（1947-1949）和 Blue Book 項目（1952-1969）。一九五六年，他離開美國，前往史密森尼天體物理天文台（Smithsonian Astrophysical Observatory）與哈佛天文學家弗雷德．惠普爾（Fred Whipple）教授一起工作，原因是該天文台與哈佛大學的哈佛天文台合併之故。海尼克在天文台的任務是指導美國太空衛星的跟蹤，他後來任該天體物理觀測所副所長。後來又任西北大學天文學系主任和該校迪爾伯恩（Dearborn）天文台所長。

在長達二十一年中，海尼克還是美國空軍關於幽浮的特別顧問。海尼克博士創造了「第一、第二和第三種親密接觸」的術語，直到他不久前去世，他一直被普遍認為是不明飛行物的最高權威。海尼克在幽浮領域的職業生涯是以做為一名揭穿者（debunker）開始。海尼克逆轉其態度的原因之一是，空軍堅持對飛碟報告做出出於自然原因的一般解釋，不論數據是否支持或不支持，然而這是海尼克訓練有素的科學思想所無法容忍的。另一個他態度反轉的原因是他對報導與外星人相遇（encounters）的許多證人的素質有相當深刻的印象，他們都沒有任何極端的疾病可能引起這種幻想或捏造，並且也無法為他們遭綁架的奇妙故事找到心理上的解釋。37

一九八一年三月六～八日馬利蘭州大衛營舉行的總統簡報，過程中雷根總統問及埃本人從賽波到地球的旅行性質，代號「管理人」（Caretaker）的 CIA 老特工描述道：「地球到賽波的距離為四十光年（更正確地說應是三十八點四二光年），埃本人（Eben）可以用我們九個月的時間到達地球，這意味著 EBE（外星生物實體）飛船的行進速度快於光速。他們可以通過太空隧道旅行那麼遠的距離，他們似乎能夠將空間中的一個點彎曲到另一個位置，從而使他們能更快地從 A 點到達 B 點，而不必受光速極限的限制，而這需要科學解釋，我們有許多可以理解其概念的頂尖科學家」。

在推進系統方面，管理人說「我們對他們的推進系統了解甚少，他們似乎使用兩種不同的推進系統，在我們的大氣層中使用一種，一旦離開我們的大氣層則使用另一種。他們雖沒有核能，但他們的推進系統確實產生某種不會危害我們的低水平幅射，我們稱它為幅射是因我們沒有別的名稱可以與它進行比較。」

以下一段話是有關埃本人飛船引擎的描述，記載於賽波團隊指揮官的日誌，該描述是發生在當滿載美國軍方交換訪問人員的埃本人飛船飛往賽波途中的期間：[38]

「633（科學家一號）想看一下引擎，MVC（團隊協調人，他是埃本人）帶我們四個人去引擎室。房間內有一些很大的大型金屬容器，它們圍成一個圓圈，每個圓圈容器端點的末端都指向中心，有許多管道或某種類型的大型管道將它們連接起來。這些容器的中心是銅色線圈或類似線圈的東西，從上方的一點到線圈的中心都發出明亮的光。我們聽到很刺耳的嗡嗡聲，但沒有大響聲。661（科學家二號）認為這是一個負物質對正物質的系統。」

以上這一段一九八一年三月六～八日羅納德．雷根（Ronald Reagan）總統的簡報會議其參與人員詳情已在《外星人傳奇——首部》一書作了介紹。實際上關於墜毀的外星飛碟及外星人的概況說明，一九八一年的此等簡報總共進行了兩次，三月六～八日是第一次簡報，第二次簡報是在同年十月九日至十二日。兩次簡報都在馬利蘭州大衛營的總統寓所進行。應雷根總統的要求，這些簡報都有錄音，再由一個「已澄清最高機密密碼」（TS/Codeword）的 CIA 行政助理通過協調和管理進行轉錄。

錄音包括許多會議／簡報，分別錄在六十分鐘和九十分鐘的盒式錄音帶，總共灌了五十四盤錄音帶。在這些錄音帶中，有四十盤是由國防部／國防情報局（DOD/DIA）的人員完成的。本節所提出的雷根總統簡報資料是他在一九八一年三月六～八日期間進行的六次簡報會的記錄之一，也就是只列出其中的六分之一。DOD/DIA 人員之所以能夠訪問和擁有這些錄音帶，是因為某些錄音涉及來自特定「敵對外星人訪客」（Hostile Alien Visitors, 簡稱 HAV）的外來威脅，它們屬於國防／情報部門的權限、控制和管轄權。[39]

因此卡帶由國防部／國防情報局監管是適當的。在不公開機密政府文件的強制性二十五年等待期結束後，這些錄音帶於二〇〇七年解密，然後被發佈到公共領域。這些會議之一的抄本是由賽波網站（www.serpo.org）主持人（moderator）維克多・馬丁內斯（Victor Martinez）在網站上以《*Release 27a*》出版。[40]

馬丁內斯提到，現在公開此訊息的原因有二：[41]

(1)就像「賽波計劃」披露的情況一樣，機密美國政府（USG）計劃的二十五年期限已過期，並且在經過國防部律師與希望釋出資訊的 USG 僱員之間的法律審查和爭論之後，可能會考慮公開發佈及進入公共領域。「賽波計劃」最終發佈於「1980 年 + 25 年 = 2005 年。二〇〇五年十一月二日星期三是第一個賽波計劃」發佈時間。而羅納德・雷根總統的 ET 簡報：1981 年 + 25 年 = 2006 年，卻因有待解決和已解決的法律問題將其拖延到二〇〇七年年底才發佈。

(2)許多其他國家，尤其是加拿大、英國（國防部檔案）和拉丁美洲一些國家，正在公開與外星人的相遇事件。因此通常對口耳相傳的 USG「黑世界」施加了一定的壓力，促使他們更加公開其在最高機密密碼文件中擁有的東西。

話說661當時猜測，埃本人可能正在使用某種型式的反物質推進器。[42]這種猜測得到一九八〇年代末曾在五十一區S-4設施參與外星飛船逆向工程的鮑勃・拉扎爾（Bob Lazar）的證實。661發現外星人利用反物質反應來驅動飛船飛行，而反應器則是使用一種地球上找不到的元素（即元素115）作為燃料。該元素在質子（proton）轟擊下產生反重力效應，並結合反物質以產生能量，為何能夠如此？原因是元素115原子核的強核力場會適當地放大導致大規模的引力效應，這將扭曲周圍的時空連續體，而這實際上也將極大地縮短到達目的地的距離和時間。據拉扎爾的說法，以元素115為核燃料的Unumpentium反應器可為飛船（指他在S-4設施看到的外星飛船）底部的重力場發生器提供巨大的能源。據推測，反應堆的能量轉化率能使一艘飛行器至少運行二十年，而所使用的元素115卻不到四分之一公斤。

此外，元素115的另一特性還能使反應堆產生非常微小的重力—A波，利用拉扎爾所稱的重力放大器（gravity amplifiers），該波被奇妙地放大，並通過重力畸變裝置作為引導，為所謂的外星飛船提供升力和推進力。重力—A波僅在原子核組件間起作用，它比日常經驗中知道的重力—B波強大得多。除此，隨著飛盤周圍重力場強度的增加，飛盤周圍空間／時間的失真也會增加。在最大失真情況下，從任何有利位置都看不到飛盤，只能看到周圍的天空。在飛盤達到最大失真之前的各種角度下，從一個有利位置，而非另一個有利位置，可以看到飛盤。

以上飛盤的失真現象可借用前MJ-12成員，麻省理工學院博士邁克爾．沃爾夫（Michael Wolf）的一段話來加以說明。沃爾夫在《天堂的守望者》中指出，超空間環境中太空船使用船載生成的放大重力波，其效用不是在增加其本身速度，而是在受到諸如重力波等力作用下的相對時空，在時空變成扭曲的飛船船體周遭產生的超空間（hyperspace）場中，減少了它自身重量。

飛船在太空中施加人工重力波創建的「愛因斯坦——羅森橋」（Einstein-Rosen bridge）蟲洞[43]只是一個例子，這說明人工產生的重力波理論上可以將時間減少到接近零，並將加速度增加到無限大。重力波隨著時間而變動，空間將會自身折疊…。[44]儘管愛因斯坦確實得出了引力和加速度有某種關聯的結論，但他在其統一場理論中對引力仍存有一些未解問題。基於愛因斯坦的蟲洞說法，太空旅行者並無需遍歷空間本身，因為重力波隨著時間作用，空間會自我折疊。

然而依霍金的說法，愛因斯坦-羅森橋的壽命不足以長到使飛船通過，飛行期間若是蟲洞被夾住（或崩塌），飛船將遇到奇異之處（singularity），我很難想像若發生此情況飛船與船上的成員會如何？首先想到的是他們可能進入《莊子．逍遙遊》中所謂的「無何有之鄉」，即進入空洞且虛幻的世界。為何有此說法？一九四三年七月二十二日的費城實驗，當電流設備突然關閉時（時空通道瞬間崩塌），事後發現一些船員的部分身體與船上艙壁和甲板的鋼鐵混合在一起，其他船員則身體起火燃燒、眼睛看不見，身體漂浮在空中或無法移動，而大多數人則因恐懼而歇斯底里。因此，利用蟲洞進行時間旅行具有潛在的風險。

也許先進的文明有能力保持蟲洞開放。為了做到開放蟲洞，或者以任何其他方式扭曲時空以允許進行時間旅行，人們需要一個具有負曲率的時空區域，例如鞍形表面。具有正能量密度的普通物質會給時空帶來正曲率，就像球體的表面一樣。因此，為了使時空發生扭曲以允許穿越到過去，人們需要的是有負能量密度的物質。[45]

霍金認為，量子理論允許某些地方的能量密度為負，但前提是其他地方的能量密度需由正能量密度來彌補，因此系統總能量仍為正。量子理論如何允許負能量密度的一個例子被稱為「卡西米爾效應」（Casimir effect）。[46]

自從拉扎爾揭露外星飛船與元素 115 以來，勞倫斯・利弗莫爾實驗室化學、生物學與核科學部的科學家與俄羅斯核研究聯合研究所（JINR）的科學家合作，發現了兩個最新的超重元素 113 和 115。在二〇〇三年七月十四日至八月十日之間科學家團隊使用 JINR U400 迴旋加速器和 Dubna 充氣式分離器進行的實驗中，他們觀察到了原子衰變模式或鏈結狀結構，證實了元素 113 和 115 的存在。其中元素 113 是通過元素 115 的 alpha 衰減形成的。實驗結果已在二〇〇四年二月一日發行的《物理評論 C》被接受。[47]

目前除了元素 115，科學家還創建了更重的原子（元素 116 與元素 118），這些重原子（包括元素 115）非常不穩定，半衰期短，且放射性很高。它們只能在衰變成其他元素之前存在一小段時間。元素 115 已分配了符號 Uup，並命名為 Unumpentium，所有這些元素現在都已添加到元素週期表中。

元素115的功用與其被發現經過大略如上，現在且將筆觸拉回中情局在大衛營舉行的總統簡報會。簡報中當談及外星（賽波）的物理定律時，管理人說：「外星與地球存在一些不同的物理定律，尤其是涉及行星相對於兩個太陽的運動時，我們的科學家不了解，是因為它違反了我們的某些物理定律。」[48]

## 1.6 遭外星人綁架以進行繁殖實驗的地球人

從管理人透露的訊息看，顯然埃本人是透過時空折疊來進行時間旅行，埃本人的時間之旅並非特例，有許多其他族類的外星人同樣透過時間旅行的過程來到地球。一九九四年具有工程背景的馬克・達文波特（Marc Davenport）出版了《時空訪客：不明飛行物的秘密》[49]一書。該書才出版即受到人們（包括科學界）的關注，何以如此？原因在於它實際上是一部基於世界各地幽浮歷史案例的寶典，它同時可能也保有全球任何地方最全面傳聞的證據。

一八九五年威爾斯的著作《時光機器》只是一本科幻小說，它雖然引入時間旅行的概念，但缺乏實際案例支持其說法。達文波特早在出版其著作之前即曾做了大量幽浮的調研工作，他根據過去三十年的幽浮研究報告和調查，編目了一系列有關幽浮目擊和接觸的奇怪現象的報告。根據報告中他收集到的各種幽浮異常現象，他認為只有一種假設可以解釋此種現象，即外星人已經找到了一種扭曲時空的方法，這種認知可從愛因斯坦身上找到一些理論支持。

上世紀初，愛因斯坦通過數學證明了重力場可以使光彎曲，初步建立了引力和光之間的關係。基於此種關係，依達文波特的說法，由於彎曲光會彎曲空間，而空間與時間是不可分割的，這構成時空連體，故任何使光線彎曲的力也會使時間彎曲。因此，如果幽浮透過某種機載發生器創造自己的引力場，則它會自動彎曲或扭曲時間，就像巨大星球的作用一般。

達文波特還聲稱，幽浮（或外星人）改變時間時會跨入時間之外的其他維度，然後可以重新進入處在光年之外或將來或過去的我們的維度。這意味著外星人只需在不同的坐標處重新進入時空線，即可幾乎瞬間穿越星際空間的浩瀚海洋。由於有了這種能力，外星人可以非常輕鬆地設置地球任何歷史時期的坐標，並且見證這個星球上人類發展的整個前景。因此，當外星人告訴被綁架者他們已經在這個星球（指地球）住了幾千年時，這可能僅僅意味著他們只是在各個不同的時間節骨眼（time junctures）「浸入」。[50]

許多觀察者聲稱，飛船內部的空間似乎比看到的外部空間大得多，此種現象在羅斯威爾墜毀事件中被首先步入現場凝視著墜毀圓盤的其中一名陸軍官員報導出來。道西基地（Dulce Base）的前高級安全官托馬斯．卡斯特羅（Thomas Castello）接受布蘭頓（Branton）採訪時，當被問到是否曾進入過外星人飛行器，他說他經常在機庫裡看到，那裡有不少，主要艦隊是存放在洛斯阿拉莫斯。當他進入幾艘飛行器時，有兩件事留在其腦海中；首先是地板奇怪的海綿感，以及不尋常的粉紫色燈光。機組人員說地板在飛行中變成了脊，燈光的紫色變成了明亮的藍白色。與普通人的大小相比，飛行器的整個內部都縮小了尺寸，大廳是彎曲而狹窄的，但不知何故，若走到裡面時它看起來卻更大。某些區域，如最外面的部分，感覺起來幾乎像是活著。[51]

此種當時間扭曲時，空間扭曲也會跟著發生的事實，似乎證實了威爾斯和愛因斯坦兩認為的「時間和空間是不可分割」的說法。達文波特在其書中提到一個威斯康新州律師的案例，此人在一九七〇年被ET綁架，後者問他人類使用什麼類型的時間，然後他們告訴他，時間確實不存在，他們可以通過「加速、減慢或停止時間來扭曲我們所知道的時間」，他們還說他們旅行的速度比光速還快。[52]

另外一個涉及「綁架」與「操控時間」的案例則更為有名，受害人麻州婦女貝蒂・安德烈森（Betty Andreasson）被監看時間長達二十三年以上（或接觸時間長達三十一年），她被挑選上的原因可能與她曾生下七個小孩有關，這意味著她是進行繁殖實驗的好人選。作家雷蒙德・福勒（Raymond Fowler）對該案例的研究導致以下三書的出版：

- The Andreasson Affair：The Documented Investigation of a Woman's Abduction Aboard a UFO (1994)
- The Andreasson Affair, Phase Two (1982)
- A Close Encounter：The Alien Abduction of Betty Andreasson (2017)

故事的原委如下：一九四四年一位名叫貝蒂．安德烈森的麻州小女孩（當時她七歲）在自家後院玩時遭麻醉，腦際並聽到聲音告訴她，自己正被監看著，不久將與「The One」相會。一九四九年（十二歲），她單獨在樹林裡玩時，遇到一個三呎高、灰皮膚及大眼睛的人，她再次被麻醉及檢查身體，一邊耳際聽到「她身體有部份尚未成熟，還要再等一年」的話。一年之後的某天，貝蒂看到一個像月亮般大的不明飛行物向她逼進，然後她發現自己身處一間白色房間內，周圍環繞一些小號人形生物，[53]不久她被不明飛行物轉運到一處海洋底下的冰冷隧道。在那裡她看到存有各個時期人類標本的「時間博物館」，然後她瞬間被裝進一個像豆莢狀的裝置，在那裡她遇到一些高大的白髮人形生物。

接著，她接受了一系列測試和手術。這些動作的明顯目的是將微小的、類似珠子和細長條裝置植入她的身體，以監視和控制她的行為並充當溝通者。此外，她的一隻眼睛被移植入至少一個像BB子彈大小的物體。然後，她被放置在充滿液體的室內，並由不明飛行物運載返回她家附近的樹林。一九六一年，貝蒂聽到了一種奇怪的聲音，感覺上像是迫她將熟睡中的孩子們獨自留在房子裡，指使她走進一個孤立的地方。另一個大頭人形生物與她會面，後者以心靈感應的方式告訴她，她被選擇體驗深奧的事件並將訊息傳達給他人。將來會發生某些事件，有惡勢力要摧毀人類。

一九六七年，當房子的電力中斷時，貝蒂和她的七個孩子以及父母剛好一起在家。她看到窗外的粉紅光變得更亮了，再變成橘紅色，並發出了脈動。其他所有九個人都癱瘓了，彷彿時間就僵在那一刻。貝蒂接著看著四個人形生物，形狀與希爾斯（Hills）所描述的相似，它們是通過封閉的門進入房屋的，她的父親和女兒貝基（Becky）也看到他們。領袖告訴貝蒂，他的名字叫奎茲加（Quazgaa）。貝蒂遞給他一本聖經，他以某種方式立即複製了該書，然後送給貝蒂一本書作為回報。貝基也看到這本書，奎茲加說，他們來幫助世界是因為這世界正試圖摧毀自己。他要貝蒂站在他身後，並立於其他三個生物的前面。然後，所有五個人懸浮穿過封閉的門，這期間貝蒂總是在奎茲加後面保持相同的距離。後來她的整個遭遇過程中，多次使用了以下這種奇怪的運輸方式。

在她的院子裡，一個橢圓形的圓頂狀不明飛行物懸坐在支柱上。奎茲加以某種方式使船體的一部分呈透明。貝蒂漂浮到裡面，她感到失重。她被要求站在清潔燈下，然後也要求換穿一件像醫院白袍的衣服。她被漂浮並綁在檢查台上，一根長針刺痛地刺入了她的左鼻孔並進入了她的頭部，在過程中突破了組織。取下針頭後，她可以看到針頭末端有一個尖頭的小球。顯然，較早植入的裝置之一此時已被移除。她的肚臍插入了一根長針，她被告知這是一個生殖測試，並被告知她的某些部分丟失了（在這之前她早做了子宮切除）。她的綁架者似乎對這些「器官丟失」感到驚訝。

接著，她以與被綁架時相同的方式返回家中。回家後她發現她的家人再次充滿活力。奎茲加留下了這樣的訊息：人類走了一條錯誤的道路，他們已經來幫助人類。以下是貝蒂在催眠狀態下告訴作家福勒的話：「一切都已計劃好。」「未來和過去對他們而言就像今天一樣」「他們的時間不像我們的時間，但是他們知道我們的時間……他們可以逆轉時間」。

奎茲加給她的書在遭遇後十天她都留在手中。她要研究這本書，但不讓任何人看到。書的頁面發光並包含著符號。在承諾的十天期限之後，書本從她隱藏的地方消失了。貝蒂在一九七五年似乎又經歷了一次接觸。[54]

貝蒂的案例值得注意之處是，在催眠之下她提到高大、白髮的人形外星人擁有操控時間的能力，他們能逆轉時間（即能回到過去），且能懸浮穿過固體及其飛行器輕到能以支柱支撐，而這些能力都不是埃本人擁有的。誰都不知道貝蒂口中的這些人形生物是否屬於北歐族或是來自天狼星（Sirius B），或是來自其他地方的人形文明（如來自地球的未來或來自阿爾法半人馬座的居民（Alpha Centaurians）？

達文波特從其編目報告中得出了唯一似乎合邏輯的假設：外星人某種程度上具有穿越時空的能力，他並推論：他們許多人很可能來自這個星球（指地球）的未來。當然，來自另一個星球的可能性是存在的，除此，其他的可能性尚包括：一些幽浮或飛碟可能來自存在於另一個時間維度的平行世界，就像我們的宇宙在一個時鐘的節拍上運行，而另一個宇宙則在另一個時鐘的節拍上運行一樣。通常這兩個宇宙是彼此異相的，兩宇宙之間沒有交互作用，但有時候兩宇宙有同步相位的位置，這兩者之間有一扇門戶開放，允許彼此溝通。許多飛碟是來自另一個維度，它們使用跨空間場共振器（transpatial field resonator）來作為溝通兩宇宙間的橋樑。[55]

達文波特認為時間是彈性的、非線性的和不固定的，因此這些幽浮才可利用先進技術，產生了環繞著飛行器並使時空扭曲的場（fields）。通過操縱這些場，他們幾乎可以隨意遍歷我們認為的時空。他又說，這些場可以更改其時空坐標以匹配我們的時空坐標。時間扭曲場對光和其他形式的電磁輻射的影響，可使幽浮看起來有時存在、有時消失及改變顏色和形狀，並發出大量各種頻率的電磁輻射。這些場可以停止汽車、電力和機械設備，並可能使人和動物癱瘓及影響人類的感知。[56]

達文波特的說法並非沒有道理，只不過外星人除了更改其時空坐標以匹配我們的時空坐標外，他們也利用時空隧道或甚至於曲速（warp speed）飛行的方式進行星際旅行。

## 註解

1. 亨利・迪肯於二〇〇九年在西班牙巴塞隆納召開的 Exopolitics Conference，透露其真名為亞瑟・紐曼（Arthur Neumann）。
2. 凱瑞里・卡西迪（Kerry Lynn Cassidy，約一九六〇—）出生於加州帕洛阿圖（Palo Alto）的莫菲場（Moffett Field），並在庫比蒂諾（Cupertino）長大。她獲得了加州大學洛杉磯分校安德森管理學院（Anderson Graduate School of Management）的 MBA 證書，並且在 UCLA Extension 的電影學校學習了一年。在好萊塢工作了十九年後，在主要工作室和獨立製作公司從事製作、開發和新媒體工作，她撰寫了許多劇本。作為一個獨立的製作人，她向好萊塢各地的主要製作人和導演推薦了各種項目。

卡西迪經營 Project Camelot YouTube 頻道，並舉辦名為《覺醒與意識》的會議，她的 YouTube 頻道擁有超過六千萬的觀看次數和二十三萬訂閱者。二〇一〇年底她拍攝一部四十五分鐘，標題為《暗影行動：火星計劃》的影片，這部電影以極其纖細的證據暗示，美國政府的一項秘密項目已經將人類送往火星。該影片由 TruTV 於二〇一二年十一月七日發行，並在 YouTube 上發布。見 The Project Camelot TruTV pilot episode –“SHADOW OPERATIONS - The Mars Project”. YouTube, 10 November 2012.

3. 二〇〇五年底，凱瑞里．卡西迪遇到了一位英國前科學學家比爾．瑞安，他戴著一頂寬邊帽的樣子看起來很不錯，他們一起在廷塔傑爾（Tintagel）的卡米洛城堡酒店（Camelot Castle Hotel）住了一段時間。卡米洛計劃的發展源於他們的對話，其構想是成立一個對宇航醫生和舉報人的不限成員名額的視頻採訪開放系列。二〇一四年三月，瑞安透露，卡米洛計劃最初是由卡西迪的遺產資助的。卡西迪和瑞安在二〇一一年分居，二〇一五年夏天，她推出了“ Project Camelot TV Network”。見 https://rationalwiki.org/wiki/Kerry_Cassidy#Project_Camelot

4. An important new statement from Henry Deacon.
https://projectcamelot.org/livermore_physicist_4.html

5. A further update from ‘Henry Deacon’, May 2, 2007

http://sprojectcamelot.orghenry_deacon_compilation.pdf

6. Arthur Neumann. https://etarena.org/star/arthur-neumann/

7. Mortimer, Nigel. UFOs, Portals & Gateways, Wisdom Books (North Yorkshire, England), 2013, pp.173-174

8. Mortimer, 2013, op. cit., p.175

9. Carlson, Gil, copyright 2013. Blue Planet Project: The Encyclopedia of Alien Life Forms, Wicket Wolf Press, p.30

10. Space Command – Project Camelot Interviews with Captain Mark Richards by Kerry Cassidy, 2013-2014. Interview 1: Total Recall – My interview with mark Richards, November 8, 2013。
https://www.bibliotecapleyades.net/sociopolitica/sociopol_globalmilitarism180.htm
Accessed 6/26/19

11. Space Command – Project Camelot Interviews with Captain Mark Richards by Kerry Cassidy. 2nd Interview with Capt. Mark Richards by Kerry Cassidy on August 02, 2014.
https://www.bibliotecapleyades.net/sociopolitica/sociopol_globalmilitarism180.htm
Accessed 6/26/19

12. Space Command, Interview 1, op. cit.

13. A further update from ‘Henry Deacon’, May 2, 2007
http://sprojectcamelot.orghenry_deacon_compilation.pdf
14. Hawking, Stephen. A Brief History of Time, the updated and expanded Tenth anniversary edition. Bantam Books (New York, NW), 1998，pp.162-163
15. Ibid., p.167
16. Bill Ryan & Kerry Cassidy (Project Camelot). An Interview with ‘Herry Deacon’, a Livermore Physicist. October 6, 2006
http://sprojectcamelot.orghenry_deacon_compilation.pdf
17. Space Command, Interview 2, op. cit.
18. Space Command, Interview 1, op. cit.
19. Space Command, Interview 2, op. cit.
20. Ibid.
21. Ryan, John Oliver, It’s Really About Time: The Science of Time Travel. Tahilla Press, Woodside California.2020, pp.14-17, p.66
22. Carlson, Gil, copyright 2013. Blue Planet Project: The Encyclopedia of Alien Life Forms, Wicket Wolf Press, p.77

23. Carlson, 2013. Op. cit., p.33
24. Dan Burisch: Stargate Secrets – Part 2 Interview transcript. Las Vegas, June 2007 Shot, edited and directed by Kerry Lynn Cassidy
https://projectcamelot.org/lang/en/dan_burisch_stargate_secrets_interview_transcript_2_en.html
25. Bill Ryan & Kerry Cassidy (Project Camelot). An Interview with 'Henry Deacon', a Livermore Physicist. October 6, 2006
https://projectcamelot.org/livermore_physicist.html
26. Carlson, 2013. Op. cit., p.33
27. 所謂「元法則」（Meta Law），它是基本的理論法律規則，也就是說，它是作為行動規則的命令或適用於所有「智能」的行為，包括人類和外星人。因此它也稱為「星際黃金法則」，即「對他人做你會讓他們對你做的」（"Do unto Others as You Would Have Them Do unto You."）。
Journal of Space Philosophy 2, no. 2 (Fall 2013) 49 METALAW: From Speculation to Humankind Legal Posturing with Extraterrestrial Life By George S. Robinson.
內文這四個星際黃金法則不是物理學的形式定律，您不會在物理學課本中找到它們的分組和表述，但是這些顯然是正確的，並且是介紹物理定律的恆定性和普遍性的一種有用方法，這是所有科學的基礎。見 Ryan, John Oliver, It’s Really About Time: The Science of Time Travel. Tahilla Press, Woodside California.2020, p.39

28. Ibid. pp.38-39

29. Dorsey III, Herbert G. Secret Science and The Secret Space Program. Hebert G. Dorset III Publishing, 2015.

30. Dorsey III, op. cit., p.170

31. 超空間（hyperspace）是科幻小說和尖端科學中的一個概念，涉及更高的維度和超光速旅行方法。通常將其描述為與我們自己的宇宙共存的空間的另一個「子區域」（sub-region），可以使用能量場或其他設備進入。

https://en.wikipedia.org/wiki/Hyperspace

32. 以上達文波特與阿爾弗雷德・比勒克的對話見 Davenport, Marc. Visitors from Time: The Secret of the UFOs. Revised Edition, 1994, Greenleaf Publications, Murfreesboro, TN, p.221

33. Brad Steiger, Alfred Bielek, Sherry Hansen Steiger，The Philadelphia Experiment, & Other UFO Conspiracies，Inner Light Publications，1990

34. Preston B. Nichols, Peter Moon, The Montauk Project - Experiments in Time，Sky Books, November 14, 2018

35. Davenport, op.cit., p.220-222
36. Dorsey III, op. cit., p.172–174
37. Davenport, op. cit., pp.2-3
38. Kasten, 2013, op. cit., p.126
39. 見 RELEASE 27 - Ronald Reagan Presidential ET Release. http://www.serpo.org/release27.php
40. Kasten, Len. Secret Journey To Planet Serpo: A True Story of Interplanetary Travel, Bear & Company (Rochester, VT), 2013, p.51
41. RELEASE 27 - Ronald Reagan Presidential ET Release, op. cit.
42. 反物質推進器（或通稱反物質引擎）就是光子引擎或光子／反光子對引擎。在粒子物理學中反物質是一種含有反粒子的物質，它們具有與普通物質粒子相同的質量，但卻有相反極性的電荷及其他粒子屬性。粒子和反粒子相遇會導致兩者的毀滅（annihilation），在過程中會產生不同比例的高能量光子（即 Gamma 射線）、中微子（neutrinos）及較低質量的粒子和反粒子對。一些科學家相信，毀滅過程中釋出的能量若經妥善安排，可做為時空引擎的動力源而使太空船的飛行速度到達光速的十分之一。具有個別反粒子形式的反物質，通常可由粒子加速器或從某些類型的放射性衰變中產生。二〇〇六年的一份報導顯示，由於質子——反質子毀滅過程中產生大量高能的 Gamma 射線，美國宇航局先進概念研究所（NIAC）正進行初步的可行性研究，擬使用產生較少 Gamma 射線的正電子動力引擎取代最初建議的反質子引擎，以作為未來人類登陸火星的太空船動力源，而內文中提到的可加速到靠近光速的光子引擎，純粹是科幻產物。

43. 一九三五年，愛因斯坦和物理學家內森・羅森（Nathan Rosen）利用廣義相對論對時空觀念進行了闡述，他倆提出了穿越時空的「橋樑」（或稱蟲洞）的存在之說法。這些橋樑在時空上連接了兩個不同的點，從理論上講，它創造了一條可以減少旅行時間和距離的捷徑。

44. Chris Stonor, The Revelations of Dr. Michael Wolf on The UFO Cover Up and ET Reality. October 2000.
https://www.bibliotecapleyades.net/sociopolitica/esp_sociopol_mj12_4_1.htm

45. Hawking, 1998, op. cit. p.164

46. 在量子場論中，卡西米爾效應是一種作用在有限空間的宏觀邊界上的物理力，該力是由場的量子漲落引起的。這以荷蘭物理學家亨德里克・卡西米爾（Hendrik Casimir）的名字命名，他在一九四八年預測了電磁系統的作用。
https://en.wikipedia.org/wiki/Casimir_effect

47. Source: LANL Press Release February 2, 2004

48. RELEASE 27a - Reagan Briefing http://www.serpo.org/release27a.php，Accessed 7/17/19
49. Marc Davenport, Visitors from Time: The Secret of the UFOs, Greenleaf Publications, 1994
50. 轉引自 Kasten, Len. The Secret History of Extraterrestrials: Advanced Technology and the Coming New Race. Bear & Company (Rochester, Vermont), 2010, p.235
51. Bruce Walton (aka Branton), Interview With Thomas Castello– Dulce Security Guard. In Beekley, Timothy Green, Christa Tilton, Sean Casteel, Jim McCampbell, Dr. Michael E. Salla, Leslie Gunter, Bruce Walton. Underground Alien Bio Lab At Dulce: The Bennewitz UFO Papers. Global Communications (New Brunswick, NJ). 2009, p.107
52. 轉引自 Kasten, 2010, op. cit., p.240
53. 人形生物（Humanoid）是指具有類似於人的外表或性格特徵的生物。今天生活在銀河系的所有類人物種都是天琴座（Lyra Constellation）先祖的干擾和交叉繁殖的結果。http://www.exopaedia.org/Humanoid
54. Davenport, op. cit., pp.7-10
55. 「跨空間場共振器」的說法是根據一位名叫查理（Charlie）的舉報者的說詞。越戰初期的一九五八年，查理曾在海軍陸戰隊服役，並登上U.S.S. Oriskang 航母。他的父親於一九五四年在愛德華茲空軍基地（Edwards AFB）與艾森豪威爾總統在一起，當時一艘外星飛船降落在該基地。查理說，愛德華茲基地的外星人相似於人類，他們身著亞麻色的頭髮和淡藍色的眼睛。〔Authororbman, Reverse Engineering and Alien Astronautics〕http://www.thinkaboutit-aliens.com/reverse-engineering-alien-astronautics/

56. Ibid., pp.215-216

# 第②章 星際訪客與時間旅行

《藍色星球計劃：外星生命形式百科全書》[1]的內容被認為是根據一位科學家的個人筆記和科學日記編輯而成，這位科學家與政府簽訂了合約，他在幾年內訪問所有墜機地點，詢問捕獲的外星生命形式並分析從該過程中收集的所有數據。他還就自己接觸過的任何文件寫下了筆記，這些筆記以任何方式直接或間接地與收集此類數據的組織、結構或操作有關。

該科學家後來被發現保存並維護了此類個人筆記，這是嚴重違反安全協議的行為，因此他被處決。他勉強逃脫了政府的追殺，目前正躲在國外。藍色星球計劃（Blue Planet Project）編者相信他參與這些調查的時間超過三十三年。他後來很快被發現並於一九九〇年立即又躲藏起來。以下這段關於幽浮的摘要是這位科學家的研究成果之一：

外星飛行器既來自超維度（Ultra-Dimensional），也來自這個維度的內部。美國政府早期在獲取技術方面的努力是成功的。美國政府與外星人部隊建立了一段時間的合作關係，其明確目的是獲得重力推進、光束武器和精神控制方面的技術。我們生活在一個多維世界中，其中來自其他維度與本維度的外星人／實體互相疊合在一起。其中許多實體是敵對的，但也有許多實體沒有敵意。

我們的基因發展和宗教的基礎在於非地球和地球力量的干預。我們的文明是過去十億年來存在的眾多文明之一。事實上目前接觸到的外星人是在五千（按：更正確地說，應是兩千）到一萬年前之間出現的。

目前大約有一六〇種或更多已知類型的外星人（來自不同的星系、恆星和行星）訪問我們的世界（地球），以下這些是最常見的類型：[2]

1. 類型一灰人：來自參宿七星（Rigel Star）系統的參宿七人（Rigelians），大約四英尺高、大腦袋、大斜眼，崇拜技術，不關心我們。他們是在斯特里伯（Strieber）的《聖餐》（*Communion*）一書中常見的類型。他們需要重要的分泌物才能生存，而這些分泌物是從我們（地球人）這裡得到的。

2. 類型二灰人：來自澤塔網罟座（Zeta Reticuli）1 和 2 太陽系。他們與類型一灰人的一般外觀相同，儘管他們的手指排列不同，面部略有不同。這些灰人比類型一灰人更複雜，他們有一定程度的常識，而且有些被動。他們不需要類型一所需的分泌物。

3. 類型三灰人：他們是上述類型一和類型二的簡單克隆形式，他們的嘴唇更薄（或沒有嘴唇）。

他們屈從於上述第一類和第二類灰人。

4.北歐人（Nordics）、金髮人（Blondes）、瑞典人（Swedes）：他們以這些名字中的任何一個而聞名。他們和我們很相似，有著金髮與藍眼睛（有些人有黑頭髮和棕色眼睛，而且他們的身高較高）。他們在不違反「不干涉法」情況下幫助我們。他們只會在灰人活動直接影響到我們的情況下進行干預。

5.北歐克隆人：他們看起來和我們很相似，但他們的皮膚帶有灰色調。這些北歐人就像受控制的無人機，由類型一灰人製造。

6.維度內（非平行地球）實體：他們可以呈現各種形狀的實體，基本上是和平的性質。

7.矮個子人形生物：一英尺半到兩英尺半高，皮膚呈藍色。他們在墨西哥奇瓦瓦（Chihuahua）附近很常見。

8.毛茸茸的矮人／橙色人（Orange）：他們高四英尺，重約三十五磅。他們的頭髮是紅色的。

9.非常高的白人種族（即後文的「高大白」）：他們看起來像我們，但有七到八英尺高。他們似乎是中立的，尊重智能生命形式。

10.黑衣人（Men in Black，簡稱 MIB）：他們並非來自政府的三角洲（Delta）或國家偵察局（National Reconnaissance Office，簡稱 NRO）部門。他們有著東方人或橄欖色皮膚，眼睛對光敏感，與北歐人團結在一起。

瞳孔垂直。某些類型的他們其皮膚非常蒼白。他們不容易符合我們的社會模式。他們通常穿黑色衣服（有時全是白色或灰色衣服），戴墨鏡，開黑色汽車。他們成群結隊地穿著同一式衣服，有時會有時間錯亂。他們無法處理心理「曲線球」或中斷他們的計劃。他們經常恐嚇幽浮目擊者並冒充政府官員。他們相當於來自另一個星系的中央情報局官員。

為掩蓋事態的事實，人們被積極地殺害。中央情報局和國家安全局在這方面的介入如此之深，以至於暴露會導致他們公開的結構崩潰。

中央情報局由於曝光度較大，外界對它可能較為熟悉，而國家安全局則是一個較神秘的機構，下文略作介紹：[3]

## 2.1 國家安全局（NSA）之驚人內幕

國家安全局（NSA）是美國國防部的國家級情報機構，也是影子政府的重要組成部份，由國家情報總監（DNI）領導，它與總統、中央情報局（CIA）、聯邦調查局（FBI）、國防情報局（DIA）及國務院情報部門的關係見左圖（資料來源：Carlson, Gil, 2013. Blue Planet Project: The Encyclopedia of Alien Life Forms, Wicket Wolf Press, p.6）：

NSA 最初是為了保護回收飛盤的秘密而創建的，並最終完全控制了所有通信情報。這種控制允許 NSA 根據他們的需要，通過郵件、電話、電傳（telex）、傳真、電報以及現在通過在線計算

# CODE: NSC

AC and the Government
23-C

## U.S. COUNTER INTELLIGENCE ORGANIZATIONAL CHART

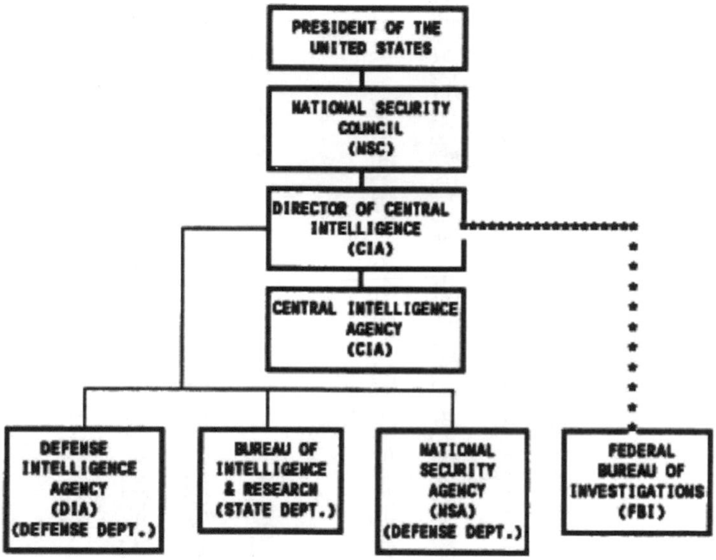


——— Control

——— Coordination; Control of Budgetary Resources

****** Coordination Only

機監控任何個人，並根據他們的選擇監控私人和個人通信。

NSA的工作後來擴大到負責全球監控，它收集和處理用於國內外情報和反情報目的的信息和數據，專門研究稱為信號情報（SIGINT）的學科。NSA還負責保護美國的通信網絡和信息系統。它依靠各種措施來完成其使命，其中大部分是秘密進行的。

NSA起源於二戰中的一個破譯密碼通信部門，一九五二年由哈利·杜魯門總統正式組建為美國國家安全局。從那時到冷戰結束，從人員和預算來看，它成為美國最大的情報組織，但截至二〇一三年的可用信息顯示，中央情報局在這方面領先其他情報機構，預算為一四七億美元。美國國家安全局目前在全球進行大規模數據收集，並且已知它會以物理方式竊聽電子系統作為達到該目的的一種手段。

NSA、CIA和國防情報局（DIA）等主要專注於外國人間諜活動的機構不同，它不公開進行人力資源情報收集。NSA受託為其他政府組織的信號情報元素提供援助和協調，法律禁止這些政府組織自行從事此類活動。二〇一三年，前NSA承包商愛德華·斯諾登（Edward Snowden）向公眾披露了美國國家安全局的許多秘密監視計劃。根據洩露的文件，美國國家安全局攔截並存儲了全球超過十億人的通信，其中包括美國公民。文件還透露，美國國家安全局使用手機的元數據（metadata）跟蹤數億人的活動。

利弗莫爾物理學家亨利·迪肯（非真名）在接受卡米洛計劃的比爾·瑞恩採訪時說，即使在戶外，也存在可以監控對話的先進技術。他說，衛星雷射器現在能夠檢測人衣服上的振動。從玻璃窗玻璃監測語音振動是基本的，而且是較舊的技術。這對我們所有人來說都很重要：不再需要將蟲子（bugs）實際種植在某人的公寓中。手機即使是在關機狀態下也可以被激活以中繼（relay）對話；唯一真正的保護措施是取出電池。我們的談話幾乎可以在任何地方、任何時間被聽到……如果機構想要選擇傾聽的話。[4]

事實上，當今的 NSA 是 MJ-12 和 PI-40 在飛碟掩飾計劃方面的得力助手，它將大量虛假訊息散佈在整個幽浮研究領域。與計劃相關的任何領域的任何目擊者都會在每一個生活細節上受到監控，原因是他們每個人都簽署了安全協議。

對於參與該計劃的人員（包括軍人）而言，違背誓言可能會產生以下任何直接的後果：

- 伴隨對安全誓言審查的口頭警告。
- 更強烈的警告，有時伴隨著搥胸和恐嚇。
- 在心理上去影響一個人，這最終會導致抑鬱，從而導致自殺。
- 以自殺或事故的形式出現的謀殺。
- 詭異而突然的事故，總是致命的。
- 關押在特殊拘留中心。
- 關押在瘋人院，在那裡他們接受精神控制和解除編程（deprogramming）技術的治療。這些人被釋放後，他們的性格、身份和記憶都發生了變化。

・將個人帶入機構內部，那裡是他們受僱或（指 MJ-12/NSA 當局）工作的地方，以及可以觀察他們的地方。這通常是在與外界接觸很少的封閉空間中。通常是地下設施這樣的地方。

任何他們認為過於接近真相的人，都會受到同樣的對待。MJ-12/NSA 將不遺餘力地保存和保護最終秘密，正如我們之後將看到的，這個最終秘密的特徵將發生巨大變化，因為甚至連 MJ-12/NSA 也無法預測到，秘密情資顯示，外星人群體的實際接觸已發生了。政府和外星人之間的實際接觸最初是如何進行的，目前尚不清楚，但政府已經意識到，外星人可以使用正確的設備與我們進行接觸。[5]而國家安全局內有一神秘組織，它專司研究、吸收和複製任何外星起源的技術，這過程當然也包括可能的接觸。

## 2.2 「造翼者」的時間膠囊：從七五〇年後的未來旅行到公元前三五〇年的古箭山洞群

以下擬敘述的一些事情涉及時間操控的技術，一般人既無法置信，也極難了解此等技術，它不像幽浮的其他領域通常能找到夠資格及可信任的報料者出面提供消息。由於知悉內情的人太少，安全規範也相對嚴密，因此建議讀者僅須將下文當作一種未來的先進概念來理解即可。

話說美國軍情機構中有一個稱為「高級聯繫情報組織」（Advanced Contact Intelligence Organization, 簡稱 ACIO）的秘密情報機構，它是國家安全局（NSA）未被確認的黑部門，其分支出來的時機可能發生在美國政府與外星人簽訂條約的一九五〇年代上旬。該組織總部位於維吉尼亞州（但有另一說認為它位在加州），並在比利時、印度和印度尼西亞都設有分支機構，其主要任務是研究、吸收和複製任何外星起源的技術。ACIO 的執行領導小組稱為迷宮組（Labyrinth Group），它是由一些世界上最聰明的生物遺傳學和技術科學家組成，他們共同致力於開發看不見的技術，而這些都是導源自回收或交易到的外星人技術。於此，即使國家安全局的高級主管也僅少數人知道 ACIO 的存在。[6]

ACIO 開發的一種技術稱為「空白狀態技術」（Blank State Technology, 簡稱 BST），它是一種時間旅行技術，可以重寫歷史記錄。ACIO 接觸到的一種外星文明是「孔蒂」（Conteum）文明，他們彼此交換了情報與技術，如此拓展了人類的視野。代碼「十五」（Fifteen）的 ACIO 負責人利用此項交換技術，進一步提高自己的智商。十五與孔蒂科學家一起開發了 BST 技術，他認為 NSA 局長還不成熟，無法明智地使用 BST 技術，因此他在 ACIO 內成立了另一個稱為「迷宮」的秘密小組（見上文）。最初迷宮組由他本人和孔蒂小組成員組成，後來 ACIO 的其他成員透過孔蒂技術提高了智商後，開始加入迷宮組。最終十五接管了 ACIO 的全部控制權。

ACIO 也與灰人（Greys）交換技術，但十五並不信任主要透過心靈感應進行交流的灰人。十五懷疑，灰人主導了心靈感應對話的方式，可能把他們的思想植入人類的思想中，從而推動他們自己的想法。十五並不把 BST 計劃透露給灰人和國安局，由於他的高智商，灰人認為他是地球的領導者。

ACIO 還收集了大量的古代文物和記錄，這些是由與 ACIO 有聯繫的秘密組織經過幾世紀的收集得到的，這些記錄中有許多都預言了我們星球的外來歷史。這些預言激發了十五創造 BST 技術的靈感。BST 技術的主旨就是去更改歷史記錄，這是一項複雜的操作，它需要能夠通過竄改時間流來正確預測所需的結果。在執行上，首先在超級計算機上模擬不同的場景，以確定所需的結果，正確的時空插入點以及進行適當更改所需的時間。此外，進行任何歷史更改的派遣人員需要俱備適當的心理要求才能執行任務。

一九七二年在新墨西哥州查科峽谷（Chaco Canyon）東北方約八十哩處，一些徒步旅行者在一處偏僻的峽谷中發現了一個不尋常的洞穴。在這個洞穴中發現了非常不尋常的文物和洞穴圖片，不久，發現的消息傳回到了國安局和 ACIO。ACIO 派出自己的人去調查，不久，該地區就不再對公眾開放。不久之後 ACIO 發現了一處由二十三個相互連接的洞穴組成的複合體，其內所有洞穴都帶有不尋常的洞穴壁畫和人工製品。這些發現與任何已知的本土文化都不相符，某些文物似乎是先進的外星技術。為此，ACIO 開發了一個稱為「古箭」（Ancient Arrow）的計劃，以了解有關這些發現的更多信息。

在第二十三號洞穴的文物中，ACIO 發現了一個不尋常地像 CD 般的光盤。最初所有對該光盤解碼的嘗試都失敗了，最後將洞穴壁畫的線索與古老的蘇美人（Sumerian）語言結合在一起，並對光盤進行了部份解碼後知悉，這些洞穴是由一個自稱「造翼者」（wing makers）的組織利用聲波技術製成的。造翼者擁有先進的時空旅行技術，他們從七五〇年後的未來旅行到公元前三五〇年的古箭山洞群，在其中之一放置了一個時間膠囊。另外六個時間膠囊則被安置在地球的其他地方，等待適當的時機被發現。在古箭山洞內發現的技術是如此先進，以致於與 ACIO 一起進行探索的外星人都未能了解其中的大部份。古箭計劃的更多相關資訊可在搜索引擎中鍵入 "wing makers ancient arrow project" 關鍵字而得到。[7]

上文提到的埃本人與造翼者及達文波特所描述的幽浮等時空穿越者，他們都透過時間旅行來到地球，其中除埃本人是利用蟲洞捷徑外，其餘兩者可能另有迄今未能理解的蹊徑。下文首先來談談穿越蟲洞的梗概，但談此之前，先費點筆墨說明有別於蟲洞的「曲速驅動」（warp drive）的概況。

## 2.3 曲速驅動之要：在波浪中拉伸空間，航天器於子空間飛行時速高於光速

上文提到，埃本人從其母星賽波航行到地球的近三十九光年航程僅費時九個月，意思是其航速幾達光速的五十一倍，地球上不管任何一種推進力都無法讓航天器達到此種速度，因此唯一的解釋就是埃本人進行了時間旅行。沒有人可以想像一個進行時間旅行的人其在航程中會有什麼感覺。又若他從舷窗望出去，窗外景觀會是如何？「匿名」（Anonymous）在他的第十一（12/21/2005）和第十二（1/24/2006）封電子郵件中，[8]他發送了指揮官在日誌中寫下整個行程的逐字描述。因此，從旅程開始到他們進入賽波星，我們都擁有團隊經驗的所有細節。

埃本人顯然已經開發了超光速時域（time domain）旅行的技術，時域中的門戶位於宇宙中的已知點，這些門戶是對應的太空隧道（稱為蟲洞，wormholes）的入口。上文提到的門戶與蟲洞涉及形而上的空間物理學，所謂門戶，就是門的入口，太空的門戶就是折疊空間的裂口。不管門戶或太空隧道，這兩者對一般人都是極難想像的，它們通常出現在科幻電影或小說中。

然而值得留意的是，要達到超光速旅行的目的並不一定非透過蟲洞。一九九四年英國威爾斯（Wales）大學墨西哥裔物理與天文學系教授米格爾・阿爾庫別雷（Miguel Alcubierre）在古典與量子引力的科學雜誌上首次發表了在子空間[9]進行曲速飛行的概念，當時他提出了一種在波浪中拉伸空間的方法，該方法理論上會導致航天器前方的空間結構收縮，而其後方的空間膨脹，這可讓飛船在子空間飛行時達到極高於光速的飛行效果，[10]這就是所謂曲速驅動，如此可大大縮短航程。他認為以上說法不會違反愛因斯坦的廣義相對論。

根據以上說法，飛船將在一個被稱為平坦空間（flat space）的曲速氣泡（warp bubble）的區域內乘風破浪，阿爾庫別雷將他的「曲速氣泡」解釋為氣泡之前「空間」的收縮和氣泡後面的膨脹。由於飛船不在這個氣泡內移動，而是隨著區域本身的移動而移動，因此傳統的相對論效應（例如時間膨脹，time dilation）並不適用於飛船在平坦時空中高速移動的情況。

此外，這種旅行方法在局部意義上實際上並不涉及比光速更快的運動，因為氣泡內的光束仍然總是比船運動得更快；飛船能「比光速更快」，只是因為它前面的空間迅速收縮，因此飛船（或曲速氣泡）到達目的地的速度比限制在曲速氣泡外傳播的光束更快。因此阿爾庫別雷認為有可能創建一個阿爾庫別雷驅動器，其中一艘船將被封閉在一個「曲速氣泡」中，其中氣泡前部的空間正在迅速收縮，而後部的空間正在迅速膨脹，結果是氣泡可以比在氣泡外移動的光束更快地到達遙遠的目的地，但氣泡內部的物體移動沒有局部比光速更快。

如此，阿爾庫別雷驅動與傳統的相對論禁止比光速慢的物體加速到超光速的說法並不矛盾。[11]

上文曲速驅動的概念另可說明如下：首先，將四維時空看待成像三維空間一樣，是一連續體，這與之前人們慣於把時間視為獨立連續體的看法迥然不同。過去按照古典力學，時間是一絕對量，它被認為是與座標系統的運動條件及位置無關。究竟四維時空宇宙的真正本質如何？也許對所有觀察者皆維持不變的光速將能揭開空間與時間之間隱藏的奧秘。在向人們顯示狹義相對論的時空就像一張四維紙片之後，愛因斯坦在其後的十年中從數學上證明這張紙片是可折疊的，這是一項偉大的創見，而光即是解開此扭曲宇宙的最重要關鍵。

基於可扭曲的宇宙模型，若我們能創造出一個可隨時調控的空間曲率，並使得它總是位在飛船之前，卻從來沒有接近到足以永久吸入飛船的狀態，這就是所謂曲速驅動（warp drive）。飛船之前的空間將被壓縮，而其後方的空間將維持擴張，即飛船前後的空間呈現互補狀態，這時若我們從飛船內部往外看，窗外會是什麼景致呢？這時飛船是在一個類似翹起的口袋內旅行，它在口袋內以小於光速的速度進行局部移動，任何進入口袋的光與飛船都會被困在口袋內，因此直到所有的光被吸收及天空也轉變成黑色為止，你看到的星艦前後景觀都仍算正常。

當飛船脫離曲速驅動之後，正常的天空顏色重新出現，這時若飛船的速度遠低於光速，則天空看起來仍是正常。曲速控制的另一個特質是飛船內的人並沒有加速度的感覺，其感覺就好像飛船在口袋的局部空間內靜止不動，且由於此時飛船以低於光速旅行，故飛船上的時鐘將以正常速度走動，而船上的人將不會看到愛因斯坦狹義相對論所預測的時間擴張現象。

另一個問題是產生一次高強度的曲速旅行將須多少能量？根據量子力學，只有負能量才能提供此問題的答案。原因是產生一個大型飛船大小的黑洞（例如一千呎長），約須$\frac{1}{5}$太陽質量，再據以上的質能互換式，這能量的相當值約是太陽終其一生的能量輻射值，不用說這是辦不到的，因此若要使用當今物理學來解釋曲速驅動的問題是不可行的。[12]

阿爾庫別雷的文章並認為，不須要穿過蟲洞，若能將太空船後方的時空局部擴張，而將前方的時空收縮，則太空船在該扭曲時空內雖以低於光速的速度飛行，但卻能達到超越光速的飛行效果（此文為筆者所修正，原文的意思是以高於光速的速度飛行，但這是違反物理定律的說法），而曲速飛行的動力則由使用負質量物質的曲速引擎提供。但因曲速引擎使用負質量物質[13]，此類物質極難製造，故曲速引擎僅在危急之際才使用。

除了負物質可做為長途星際旅行的燃料之外，黑星也可用於為航天器提供動力。秘密太空計劃局內人馬克．理查茲上尉在受訪時提到另一些關於曲速引擎燃料的來源，他說黑星（black star）是中微子（neutrinos）的來源，中微子是繞過太陽系，又可作曲速飛行的最佳燃料來源。[14]

理查茲上尉又說，一顆黑星可以變成一個黑洞，它是一種暗星能量（dark star energy），那就是外星種族獲得技術的地方。那裡有一個巨大的動力源，外星人可以使用它來為航天器提供動力，並使用他所謂的曲速驅動器，從而能夠以星際迷航的方式進行曲速跳躍。他說人類確實擁有這種技術，但這只是因為他們或者通過從太空漂流的某些飛行器中獲取它。[15]

換句話說，該飛行器中的成員不見了，但它是一艘擁有曲速驅動技術的飛船。而且人類仍在嘗試對某些類型的航天器進行逆向工程，這些航天器被用來與同他們合作的種族一起使用。就這樣讓他們接觸了黑星科技，但他們自己迄今還沒有擁有它，所以在沒有這些外星種族聯盟的幫助下，這是他們能夠以他們想要的方式統治太空或擁有任何統治地位的一個很大的抑制因素。[16]

這種暗星能量在多元宇宙中非常珍貴，它使人類能與其他星際種族處於同一水平。暗星能量的一些特點如下：[17]

- 不同於零點能量（zero point energy）
- 來自最近爆炸的中子星
- 大多數科學工作者不了解暗星能量
- 允許我們的太空指揮部在進入星際之際，避免通過黑洞進行跳躍
- 從技術上講，我們可以在歐洲核子研究中心（CERN）製造暗星能量，但其量既少又費錢

・獲得暗星能量的最佳方法是在各種友好種族的幫助下，幫助我們導航跳躍（回到過去），獲得它……因為我們仍然無法完全控制我們將跳到的位置……你可能跳得太逼近到一個系統的太陽或恆星……一旦你被一個大物體的引力吸引，你可能無法逃脫。

・獲得暗能量的三種方法：

(1)在另一友好種族的導航幫助下及時跳回到過去。把它從門（gate）裡抓起來。

(2)通過交給他們（指外星人）大量的人類來交易。（最黑暗的方式）

(3)以物易物。就像我們與迦南人（Canonians）（一種狀似狗的外星商人種族）所做的那樣……交換給他們一個地球（在澳大利亞）的地下基地。

上文提到的曲速驅動迄今只是一個概念，飛船在子空間直線飛行的概念類似於在折疊的空間飛行，而後者就是所謂穿越蟲洞，兩者的差別在於後者是一太空隧道，但前者並非是隧道。下文就來談談蟲洞，此又稱愛因斯坦──羅森橋，它是一種連接不同時空點的推測結構，其存在是基於愛因斯坦場方程式（field equations）的特殊解。蟲洞首次被談論可以追溯到一九一六年，當時奧地利物理學家路德維希・弗拉姆（Ludwig Flamm）在回顧另一位物理學家對愛因斯坦場方程式的解時，意識到另一種解決方案是可行的。他描述了「白洞」（white hole）存在的可能，這是黑洞的理論時間反轉。黑洞和白洞的入口都可以通過導管連接，這是蟲洞（wormhole）概念的首次描述。

## 2.4 化天涯為咫尺的時空橋——蟲洞

蟲洞一詞是由美國理論物理學家約翰．阿奇博爾德．惠勒（John Archibald Wheeler）於一九五七年創造的。然而，蟲洞的概念早已經在一九二一年由德國數學家赫爾曼．韋爾（Hermann Weyl）結合他對電磁場能量的質量分析加以理論化。

雖然沒有蟲洞的觀測證據，但已知包含蟲洞的時空是廣義相對論中的有效解。一九三五年，阿爾伯特．愛因斯坦（Albert Einstein）和物理學家內森．羅森（Nathan Rose）使用廣義相對論對宇宙穿越的思想進行數學闡述，並正式提出了穿越時空的「橋樑」之預測說法，此愛因斯坦 - 羅森橋又稱史瓦西（Schwarzschild）蟲洞。一九六二年約翰．惠勒（John A. Wheeler）和羅伯特．富勒（Robert W. Fuller）發表了一篇論文，表明這種類型的蟲洞是不穩定的，並且它將在形成後立即夾斷，甚至防止光線通過。

換句話說，通過使用物質和能量的特定配置，我們可以形成時空曲率，就像空間中兩點之間的隧道或捷徑。或更簡明地說，時空可以被視為一個 2D 表面（為了簡化理解），當它「折疊」時，可以形成蟲洞橋。準此，可將蟲洞想像成連接時空內的兩個不同的點（即相同宇宙中的兩個獨立區域或兩個不同的時間點，或兩者兼有，或甚至於連接兩個不同的宇宙）。蟲洞的兩端也可將其想像成「嘴」，而喉嚨則將兩嘴相連，每個蟲洞的嘴都是黑洞，但由垂死的恆星坍塌形成的自然黑洞，其本身並不會產生蟲洞。[18]通過蟲洞，我們可能可以在兩者之間旅行。蟲洞是一個在其中可以比以光束旅行還快的區域，通過它就如通過正常的時空。

蟲洞很像黑洞，這兩個物體都非常密集，具有強大的引力場。主要區別在於，穿過黑洞的事件視界（event horizon）後，任何物體都不能出來，甚至光也不能。但他們進入蟲洞後理論上可以回來。換句話說，蟲洞雖類似黑洞，但它沒有事件視界。並且三維蟲洞的入口和出口將是類似於隧道口的3D球體，而實際的高維蟲洞是無法想像的。

從理論上講，蟲洞創造了一條捷徑，可以減少旅行時間和距離。若從空間折疊前A與B兩地的距離與旅程所花的時間看，飛船無疑是以超光速飛行，但空間折疊後飛船在蟲洞內的航速實際上是不會大於光速，因此蟲洞航行不會倒流時光（即不會超越蟲洞被創建那一刻的時間點），這從一九六五年載著美國十二名軍方人員返航賽波的埃本人太空船在抵達目的地後並未回到過去可為證明。據最近的研究，尤其是美國物理學家基普·索恩（Kip Thorne）的研究表明，可以使用具有負質量／能量的奇異物質（exotic matter）來打開史瓦西蟲洞的「喉嚨」以創建可穿越的蟲洞。

以上說法的關鍵是蟲洞只是給了你一條更短的路徑，因為它通過曲率連接了空間中的兩個遙遠點，這樣你就不需要以快於光速在空間中進行物理旅行。雖然蟲洞提供許多方便，但靠著穿越它來做為宇宙長途旅行的捷徑要小心，它會突然崩塌，航程中須忍受高幅射，以及與異物接觸的危險。

如果你能夠在太空中以更快於光的速度旅行，那麼你可能會進入數百年甚至數千年後的未來，且讓未來的人類能夠回到最初創造蟲洞的地方，及讓過去的人類走向未來。請注意，你無法回到超越最初創建蟲洞的時間點；此外，使用蟲洞的技術還需要一個技術先進到能夠掌握和利用黑洞內能量的社會。換句話說，未來的人類不能回到超越當初創建蟲洞的年份之時間點。

雖然蟲洞可能提供時間旅行的捷徑，但它是否確實存在多年來一直無解，然而如果確信賽波計劃真實存在，確信埃本人與人類有過真正交流，則不應懷疑宇宙中蟲洞的真實存在。值得留意的是，雖然蟲洞是一條捷徑，它使距離遙遠的兩物體更接近了，但就算它存在，它卻不能倒流時光（原因是蟲洞內的飛船航速小於光速之故）。距離越遠的兩空間點（例如十億光年或更長距離），可以想像，它需要更長的太空隧道，要穿越此等長隧道，須有更強大馬力的飛船及花掉更多的航行時間。自然，蟲洞也可以連接較短距離的兩點，只要隧道的兩端代表不同的空間或時間點即可。

普林斯頓高等研究院的胡安・馬爾達西納（Juan Maldacena）與普林斯頓大學物理學家阿列克謝・米萊欣（Alexey Milekhin）於二〇二一年發表的論文：《人類可穿越的蟲洞》（Humanly traversable wormholes，Phys. Rev. D 103, 066007 – Published 9 March 2021）建議，如果蟲洞可以被充電並且能夠抓住一些東西，它們就可以被製造。一種叫做「暗區」（dark sector）的東西，是一種尚未被發現的奇特物質，有助於創建蟲洞。暗區是對尚未證實的暗物質的統稱，因此，這可能是一個可行的解決方案。

然而人工蟲洞的一個理論問題是，當你創造一個蟲洞時，隧道中心附近的高重力，及隧道連接兩個口的地方，一旦有任何質量或能量的東西進入，它就會自行坍塌。這意味著即使是一個光子（一個光的粒子）也有可能使蟲洞坍塌。為了保持打開狀態，需要穩定蟲洞（即要求A及B兩個地點的蟲洞在蟲洞創建的這段時間內都需維持打開狀態），這需要某種稱為「負物質」（negative mass）的異物質（exotic matter），它有負能量密度和較大的負壓或負質量，但目前不清楚這種物質是否存在於宇宙中。所謂負質量，例如就像負一公斤物質，而不是正一公斤物質，這意味著什麼？負物質不應該與反物質（Antimatter）混淆，反物質就像物質一樣，只是帶有相反的電荷。反物質具有正的質量和能量。

負物質會使時空朝向與常規物質相反的方向彎曲。兩個負物質會相互排斥而不是相互吸引。不知道它們是否存在，但這並不意味著異物質不在某處等待著被發現。然而，負能量密度已被證明存在於卡西米爾效應（Casimir effect）中，[19]由於空間真空中的虛擬粒子產生的負壓差，兩個光滑的不帶電板相互吸引。總之，板之間的壓力低於板外的壓力，板被推到一起。支撐蟲洞所需的負能量將比這高很多，是否可以為蟲洞創造足夠的負能量是一個問號。

基普．索恩和他的研究生邁克．莫里斯（Mike Morris）在一九八八年的一篇論文中首次證明了廣義相對論中可穿越蟲洞的可能性。出於這個原因，他們提出的由奇異物質球殼保持開放的可穿越蟲洞類型被稱為莫里斯-索恩蟲洞。後來，其他類型的可穿越蟲洞被發現作為廣義相對論方程的允許解，這包括在一九八九年馬特．維瑟（Matt Visser）的一篇論文中分析的各種類型，其中可以製作穿過蟲洞的路徑，而穿越路徑是不通過奇異物質的區域。

然而，在純高斯・博內（Gauss-Bonnet）理論中，蟲洞的存在並不需要奇異物質，它們甚至可以在沒有奇異物質的情況下存在。維瑟（Visser）與克萊默（Cramer）等人合作提出了一種由負質量宇宙弦（cosmic strings）保持開放的類型，其中他們提議這種蟲洞可能是在早期宇宙中自然產生的。[20]

蟲洞連接時空中的兩個點，這意味著它們原則上允許在時間和空間中旅行。一九八八年，Morris、Thorne 和 Yurtsever 等人的論文明確提出如何將蟲洞穿越空間轉換為一次穿越時間。[21]然而，據說穿越蟲洞的時間不能帶你回到蟲洞被製造出來之前的時間，但這是有爭議的。

原始蟲洞預計存在於微觀水平，大約 $10^{-33}$ 厘米直徑，然而隨著宇宙的膨脹，這之中有一些可能已經拉伸到更大的尺寸。然而若要穿越微型蟲洞，除了須穩定其狀態外，就是要擴大其口徑，迄今人類並無此等技術。[22]

上文提到「宇宙弦」這個名詞，這是一個較新的概念，概略說明如下：[23]

> 宇宙弦是宇宙形成之際遺留下來的時空結構中一種假設的一維（空間）拓撲缺陷（topological defect）。它們相互作用可以創建封閉的類時間曲線場，允許向後的時間旅行。
>
> 一些科學家建議使用「宇宙弦」來構建時間機器。通過操縱兩個靠近的宇宙弦，或者可能只是一根弦加上一個黑洞，理論上可以創建一整套「閉合的類時曲線」。

目前，這些純粹是理論上的物體，可能是大爆炸中創造宇宙時遺留下來的。黑洞包含一個一維奇點，它是時空連續體中一個無限小的點。宇宙弦，如果存在這樣的東西，將是一條二維無限細的線，對空間和時間的結構有更奇怪的影響。儘管實際上沒有人發現宇宙弦這個東西，但天文學家認為它們可以解釋在遙遠星系中看到的奇怪效應。

宇宙弦被假設為當場（field）在不同時空區域發生相變時形成了它，導致區域之間邊界處的能量密度凝聚。這有點類似於凝固液體中晶粒之間形成的缺陷，或者水凍結成冰時形成的裂縫。產生宇宙弦的相變可能發生在宇宙演化的最早時刻。

其次談談做為蟲洞入口的時空門戶，只有透過這些門戶才有可能進入蟲洞。

## 2.5 解剖1.5億年前墜落的外星太空船：腐化的外星屍！

一九八一年三月六~八日雷根總統簡報會中，代號「管理人」的CIA老特工曾說，在兩艘墜毀的埃本人航天器中找到了一些恆星圖（star charts）。這些星圖起初難以理解的原因，是因為它們位於一個障礙物上，後來才知道該障礙物鑲入到墜毀航天器的某個面板（panel）中。面板到位後其上的板子（board）顯示出星形系統，美國軍方將所有在墜毀飛船內找到的板子安裝到面板中，並查看許多不同的星形系統。然後，他們利用天文學家來解讀恆星系統，花了很長時間才確定出各種恆星系統。（照片2-1是瑪喬麗・菲什女士（Ms. Marjorie Fish）根據被綁架者貝蒂・希爾（Betty

Hill）解讀的星圖，它顯示澤塔2網罟座（Zeta 2 Reticuli）的位置。）

他們還在星圖（star chart）上發現了幾個奇怪的斑點。後來得出的結論是，這些斑點是埃本人描述的旅行空間隧道所在的位置（天然蟲洞的較詳細論述見後文）。天文學家比較了不同的星圖，發現它們不是連續的。

這意味著一張恆星圖來自宇宙的某一部分，而另一張星圖則是距其本土系統更近的一張。科學家得出的結論是，圖表上的斑點是從一個空間點到另一個空間點的捷徑。換句話說，斑點代表了捷徑的入口位置。為了研究圖表，軍方向一些頂級天文學家簡要介紹了外星交換計劃。管理人肯定，這些天文學家僅獲得了所需的最少訊

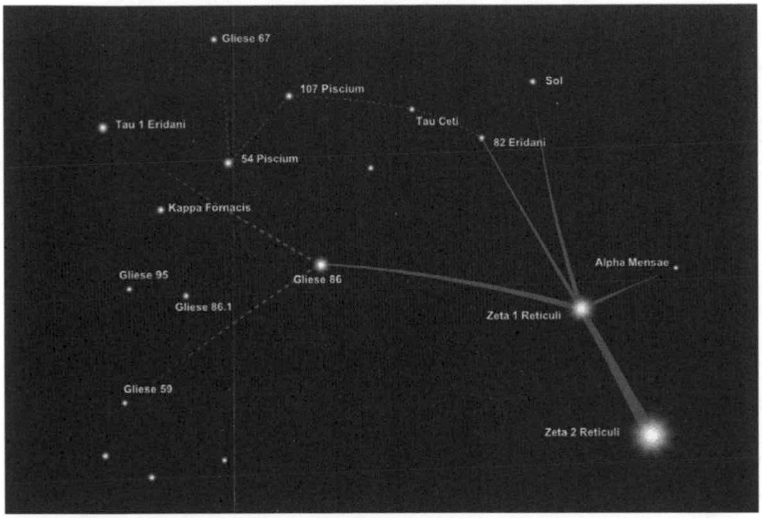


**照片（2-1）　瑪喬麗．菲什女士（Ms. Marjorie Fish）解讀的貝蒂．希爾（Betty Hill）星圖，它顯示澤塔 2 網罟座（Zeta 2 Reticuli）的位置。 Reference: by Terence Dickinson. 圖中的恆星譯名如左： Sol（太陽），Tau Ceti（天倉五），Zeti 1 Reticuli（澤塔 1 網罟座），Zeta 2 Reticuli（澤塔 2 網罟座），82 Eridani（82 埃里達尼），Alpha Mensae（阿爾法門賽），Gliese 86（格利斯 86），Gliese 67（格利斯 67），Gliese 95（格利斯 95），Gliese 86.1（格利斯 86.1），Gliese 59（格利斯 59），107 Piscium（107 雙魚座），54 Piscium（54 雙魚座），Tau 1 Eridani（T1 埃里達尼），Kappa Fornacis（卡帕佛 西斯）。**
**http://www.gravitywarpdrive.com/Zeta_2_Reticuli.htm**

息量，例如需要知道的計劃部份。[24]

埃本人的文明進化史僅約五萬年，他們已具備星際旅行能力，更早期的外星人又如何呢？二○○八年七月一日「匿名」在致維克多的電子郵件中透露了一則驚人消息，他說：

「一九六八年一個高度機密的敏感操作計劃正在運作，以下是該計劃的內容：考古隊在美國某北約盟國的南部地區發現一個大型金屬物體，它被認為是外星人的太空船，考古隊估計，它大約在距今兩億年前墜毀，隨後該墜毀場址由美國空軍救援隊進行了檢查，他們推算該飛船約在一點五億年前墜毀，因此推定該場址的實際年代界於1.5∼2.0億年前應是不差的。以上的年代是由美國科學家用放射性同位素衰減估算的，沈積岩層的堆疊和物體被嵌入到岩層中的事實被用來估計外星飛船的年齡。

研究小組已排除該飛船來自埃本人的可能性，只是沒有人知道它的來歷。飛船的直徑為四十五呎，它被運到美國某巨型實驗室後再開啟。飛船裡面包含兩個高度腐化的外星人屍體和一些腐爛的動物（我不解為何經過1.5∼2.0億年，外星人與動物的屍體沒有石化或腐敗至灰化，而僅是腐爛？），這些動物顯然是被外星人綁架，它們是小恐龍。外星人的屍體太腐敗了，無法徹底檢查，他們身高約五呎，有很大的球形頭顱。

飛船內部的器材都是一些小型晶體狀裝置，它們以一種非常精細的線狀形式連接在一起。外星推進系統包含一個大腔室，其內含有一些稱為「石頭」的東西，顯然它是某種型式的燃料物質。腔室周圍的通風管排泄某種能量，幅射或通過通風管進入推進艙所產生的巨大能量使星際空間旅行成為可能。檢查岩石後發現了鋅和數種未知材料及至今無法確定的合金。

這些年來「石頭」顯然已失去了所有能量，它們沒有放射性，也不包含任何特殊屬性，美國軍方人員至今無法啟動該飛行器，他們也無法找到實際的電源系統，因此永遠無法操作飛船內的任何設備，但他們卻找到了一幅「星空圖」，該圖是在外星的母星上創建的，到目前為止科學家一直無法解讀和解密外星星圖。該星圖位於深處空間，但科學家無法找到該特定區域的空間。這意味著墜毀飛船內的外星人可能來自非常遙遠的星系，同時也意味著1.5～2.0億年前當這些外星人已經進行其星際旅行之際，埃本人仍處於其「銀河尿布期」。而號稱「萬物之靈」的人類則更不用說，根本尚未出現在地球。[25]

後來科學家在飛船內找到並回收超過一千幅的星空圖，它們被轉錄到薄的黑色紙或類似黑色紙的東西上，發現它們是某種型式的X射線宇宙。科學家已經花費了很多年並經過非常仔細的分析，過程中結合使用哈勃太空望遠鏡和各種地基（ground based）望遠鏡，來研究這些高度複雜的非現實世界，它們類似於我們的星圖。

一九九七年科學家發現其中之一的外星星圖／地圖是我們的銀河系，這顯示了銀河系的最遠範圍，科學家最終在其中一張外星圖發現了我們的太陽和太陽系。看來恐龍時代的外星飛船擁有大型攝影機，其照片類似於我們的X射線成品。科學家最終弄清楚了「恐龍時代」的外星人飛船起源，它是於一點五億年前來自距地球約二十二光年的星系，至於該外星文明如今是否仍然存在則無法得知。[26]

據上文，外星人至少從一點五億年前就開始進行星際旅遊，他們穿越蟲洞捷徑來達成星際旅遊，穿越蟲洞就是穿越時間，其穿越速度快於光速，這一點常讓人誤解其意，下文是美國物理學家大衛．劉易斯．安德森（David Lewis Anderson）博士對穿越蟲洞的一些申述：

「通過蟲洞時需確保在任何時候都不會局部超過光速，從而允許超光速（比光速更快）傳播。在穿過蟲洞時，使用亞光速（比光速還慢）的速度。如果兩個點由蟲洞連接，那麼穿越它所需的時間將少於光束穿過蟲洞外空間的路徑所需的時間。打個比方，以最大速度跑到山的另一邊可能比穿過隧道要花更長的時間。您可以慢走，由於距離更短，因此可更快地到達目的地。」[27]

進出蟲洞需要精確的恆星導航也需要花一些時間（例如埃本人花了九個月）。在航行蟲洞時，指揮官的日誌寫道：「一旦飛船走出這個時波（time wave），我們都會感到更好。…正如他（指埃本人MVC）說的那樣，外面是黑的，但我們可以感受出波浪線，也許是時間上的某種扭曲。我們必定是以快於光的速度移動，但我們看不到窗外的任何東西。」[28]

以上從指揮官日誌關於穿越蟲洞的個人感受之描述，我們知道，在穿越過程中：

(1)感覺難受

蟲洞內充滿高幅射能，團隊在旅途的第一階段遭受了極大的不適，這些情形都被描述在指揮官的日誌裡。主要的症狀是頭昏、目眩和困惑，以致於隊員在混亂中四處走動，看起來像是活死人般。Ebe1（與一九四七年飛船墜毀時的唯一生還者 Ebe1 不同人）說，他們是生了「太空病」。九個月的航程中隊員三〇八因肺栓塞而死亡，不知這是否與高幅射環境有關？MVC（埃本人）說，一旦飛船擺脫時間波，所有隊員都會感覺更好。[29]

(2)須花費一些時間穿越

太空隧道有長短之分，這依兩地相距的遠近而定，長隧道須用較長的時間穿越，否則反之。

(3)過程中看不到太空船舷窗外的任何東西，窗外光線一片黑暗。

(4)雖然外面一片漆黑，但出現可見的波浪線

【有關美國軍方的十二名人員搭乘埃本人飛船赴三十九光年外的賽波星訪問的詳情見後續書】

毫無疑問地，埃本人掌握了太空旅行的知識，他們可以克服時空障礙，進行太空冒險。至於他們有無遠程傳輸（teletransport）技術，據「匿名」在《Release 32》的回答是「埃本人並未擁有此等技術，更遑論人類」。至於埃本人如何在巨大空間馳行及克服時間障礙，匿名將此問題交給DIA-6 中的一名具有理論物理學博士學位的物理學家代為解答。

該 DIA-6 成員認為，埃本人利用「通用網格」（Universal Grid）系統從一個空間點移動到另一個空間點，他們的飛行器能夠以接近或超越光速的速度行進，這使得飛行器可以進入一個改變的時空室（space-time chamber），而這導致其出發點和目的地之間在實時（real time）上變得更近。這

類似於利用折疊空間手法拉近出發點和目的地之間的距離一般。埃本人已經花了「五千」（原文寫「五萬」，但埃本人僅有萬年文明，怎可能有五萬年科技文明？我懷疑「五萬」是「五千」的筆誤）多年（地球）時間來完善這種太空旅行與克服時間障礙的技術，到目前為止，他們實際上已經完善了這種太空旅行模式。

話說，埃本人的旅行無遠弗屆，他們與人類一樣，都是呼吸空氣，再加上地球是其近鄰，美國南部（特別是內華達州）的景觀又類似於其家鄉，故兩千年來他們不間斷地訪問地球，在一九六四年的一次訪問中，他們致贈美國東家一件珍貴的禮物——黃皮書（Yellow Book），這讓後者對地球的近期歷史有更深入的了解。這個在一九四七年羅斯威爾墜機事件之後與美國政府有千絲萬縷情的埃本人，其來歷如何請見下文。

## 2.6 友善的外星人：埃本人

埃本人聲稱，當他們第一次來到地球時，他們涉及了地球人類的基因觀察，並因而使用外星生物基因工程創造了現代智人（modern homo sapiens）。做了這些事後埃本人離開了，他們後來回來的頻率有些混亂。這樣的說詞其實站不住腳，現代智人的基因突變據研究（見§5.1）是發生在約四萬年前，而埃本人僅有萬餘年文明史，故上述說法不可能成立，而較可能的說法見下文。

話說二千年前埃本人首度造訪地球，據稱他們為地球帶來了共同資產——耶穌，雖然缺乏實證，但推測此後他們與地球仍然維持著單向的接觸關係，直到一九四七年六～七月其飛行器在羅斯威爾墜毀，因而與美國軍方建立了直接的聯繫管道。此後他們與美國軍方共同營造了地下生化實驗室，共同致力於遺傳基因研究。（照片2-2及照片2-3是一九四七年六～七月間埃本人航天器於新墨西哥州兩處不同墜毀地點的藝術家描繪。照片2-4是一九四七年六～七月間羅斯威爾墜毀時，軍方情報官傑西．馬塞爾少校向上級做簡報時的神情。）

當您嘗試比較這些經過基因改造的生物時，事情會變得複雜起來。原因是除了埃本人，其他來到地球的外星人（如川塔人及哈波人）也創造了幾種不同品種的基因改造生物。

在外星族群中，埃本人與美國軍方的關係是最密切的，他們對人類也是較友善的，因此有必要費點篇幅對其加以介紹。

埃本人的故事宜從天琴座（Lyra Constellation）說起，大約二二〇〇萬年

**照片（2-2）　1947 年 6 月 12 日（星期四）至 1947 年 7 月 1 日（星期二），埃本人航天器在新墨西哥州科羅納附近林肯縣的牧場主麥克．布拉澤爾（Mac Brazel）的土地上墜毀的藝術家描繪；飛船唯一的倖存者和飛船的機械師 Ebe #1 離開了墜毀的飛船，緊張地等待接下來發生的事情……。**

**http://www.serpo.org/release36.php**

前，銀河系的第一個類人（humanoid）文明開始了他們的太空探索冒險，大膽地走到了以前從沒有人去過的地方。他們定居的第一個世界是維加（Vega）和阿匹克斯（Apex）這兩個天琴座的行星，其中維加在新人定居之前早有人形種族居住。[30]天琴人（Lyran）探險家後來也移居到天狼星（Sirius）和獵戶座（Orion），[31]而其他 天琴人則來過地球，並從地球移居到昴宿星團（Pleiades）。[32]

因此可以說，阿匹克斯行星是天琴座中發展最早的社會之一，也是維持類人文明的最早行星之一，星球上的居民稱天琴人。[33]如前所說，天琴人是類人生物，他們在地球歷史開始之前就已經存在。平均而言，天琴人比地球人高一些，而且他們的皮膚並不那麼黑，這是他們與地球人的區別。

**照片（2-3）　新墨西哥州西部聖奧古斯丁（San Agustin）平原以南的蕭山（Shaw Mountain）附近的第二個墜機地點；第二個地點是 1949 年由一些牧場主發現的。**
**http://www.serpo.org/release36.php**

**照片（2-4）　傑西·馬塞爾（Jesse Marcel Sr.）（退役少校）**
**https://www.jessemarceljr.com/lt-col-ret-jesse-marcel-sr.html**

他們是非常和平的民族，在近十億年的歷史中其文化底蘊非常深厚，有數條線索表明有一個天琴人曾在地球上生活，這些線索更多是與其人格有關，而非與身體有關，該人具有使命感（這是否暗示著耶穌基督是天琴人或天琴人起源？）。[34]

話說回頭，居住在阿匹克斯與維加的人們後來遭到德拉科人（Draconian）與爬蟲人（reptilian）入侵，阿匹克斯星球的地表在核戰中幾乎被毀，倖存者不得不住到地下，從此長達數千年他們皆住在地下，這使得他們的膚色改變成了灰色，並使他們的眼睛變成大大地，以便能在黑暗中看物，由於其外觀，有些人稱他們為灰人（Greys）。核戰不但摧毀了阿匹克斯的大部份地表，核戰後的幅射也損害了倖存者的繁殖能力，迫使他們使用克隆作為一種物種的生存方式。這些倖存的天琴人後來轉移到澤塔網罟星系 II（Zeta Reticuli II）的賽波星（猜測，也有部份天琴人轉移到澤塔網罟星系 I），在那裡他們延續並建立新的文明，這些移居到新太陽系的天琴人即成了埃本人的祖先。[35]

在敘述埃本人的祖先歷史方面，國防情報局特工「匿名」（Anonymous）透露出略微不同的訊息，其內容如下：

「賽波的人口約為六十五萬人。匿名說，埃本文明大約有一萬年的歷史，起源於另一個星球，由於火山的破壞，他們在五千年前被迫離開了這個星球。埃本人在大約三千年前進行了一場毀滅性的行星際（interplanetary）戰爭，並使用粒子束武器消滅了敵人。這場戰爭持續了大約一百年。埃本族擁有一個『總督理事會』，該理事會完全控制了所有人，理事會成員終身享有會員資格。團隊（即美方交流人員）沒有發現任何犯罪，但他們有一支軍隊，也充當警察部隊，團隊沒有看到任何類型的槍支或武器。有一個大社區，是文明的中心，所有行業都集中在那裡。埃本人不使用任何類型的貨幣，他們都是根據需要從中央配送中心發出供應的，所有成年的埃本人都從事某種工作。」[36]

以上略述埃本人的來歷及其管理制度，如此看來，埃本人的出身是來自與地球人類相似的人形生物，但其文明進化史要遠早於人類。根據對先進文明進行分類的卡戴舍夫尺度（Kardashev Scale），北歐人與爬蟲人和灰人（包括埃本人）都屬於第一種類型文明（能夠在行星級別使用能量）或第二種類型文明（能夠在恆星級別使用能量）。至於地球上的人類，則尚未進化到第一種類型文明。[37]

我不解的是，隨著物種的進化為何後來的埃本人身材不但變矮了，且只有四位數手指？難道長期的穴居或移居其他星球或輻射使天琴人的倖存者發生變異？或原本的天琴人就只有四指頭？

且說埃本人經歷了外族入侵，家園被毀的慘痛，他們意識到武力固然重要，但最後要依持的是其星際遠航的能力，或再加上其遺傳基因技術，這將使其不再受限於自己的家園，而能不斷擴張殖民帝國。在星際遠航方面前文已略有敘述，下文續做增述。首先埃本人是藉著加速其飛行器速度至接近或超越光速，來達成其奪天地造化與縮宇宙尺寸的目的。匿名透露，他們使用地球上根本不存在的礦物。[38]它是一種類似於鈾的礦物，但不具有放射性，它可為推進系統提供額外動力。

埃本人還利用一種空間位移系統，該系統基本上會在推進裝置的前方產生真空，而絕不會干擾所產生的推力。目前美國軍方與情報組織還不了解他們如何實現這一目標。他們使用一個由微型核子反應器組成的真空室，該反應器強迫某種類型的物質進入太空，從而刪除分子並導致很小一部份空間變成真空。他們還使用反物質，以迫使推進系統產生飛船前面的能量「蒸汽」波，這使得飛船更容易在太空中移動和流動。[39]

上文提到埃本人利用宇宙門戶和時空隧道進行時間旅行，有關此種蟲洞及超越光速的問題，許多人認為不可思議，或它充其量只是一個科幻想像。哈羅德・普索夫博士[40]於二〇一八年六月八日在拉斯維加斯舉行的科學探索協會（SSE）和國際遠程觀看協會（IRVA）聯合會議上發表講話。他是第三位公開討論登載在紐約時報的前視紅外雷達（Forward Looking Infrared Radar, 簡稱 FLIR）視頻[41]的 TTS/AAS 團隊成員。普索夫博士的論點與前兩位一樣，後者是指克里斯托弗・梅隆（Christopher Mellon）與路易斯・伊里桑多（Luis Elizondo）兩人。前者非常清楚地表明，先進的航空航天物體不是人為設計的，雖然他沒有說它是地球外起源。

此外，在談到光速與蟲洞時，普索夫博士說這問題可以從廣義相對論的工程學角度來理解它。根據以下的馬克斯威爾（Maxwell）方程式，可推知真空介電常數與其他物理常數的關係：[42]

$$C = \left[ 1/(\varepsilon_o \mu_o) \right]^{1/2}$$

C：光速

$\varepsilon_o$：真空介電常數（permittivity of vacuum）

$\mu_o$：真空導磁率（permeability of vacuum）

如果重新設計這些真空參數，則可以使有效光速更高，他認為這是廣義相對論的解決方案，被稱為蟲洞，它並非科幻小說。而此種用工程學角度來解決奇異物理問題的想法可以使得先進的ET文明及現在或人類未來不會受到物理原理的根本限制。[43]

然而儘管人類能克服時間旅行的技術難關，但卻面臨自身生理極限的挑戰，且看下文分解。

## 2.7 人類面對時間旅行的困頓與挑戰

上文針對時間旅行涉及的蟲洞、飛船推進系統及旅行途中個人的感受做了一番真實描述，然而若以為俱備了以上那些知識與技術即可進行時間旅行，那可未必。原因是如何順利找到離自己母星最近的蟲洞門戶及如何擴大與穩定蟲洞是一絕大的難題，畢竟「負物質」（不是「反物質」）迄今從未有人見過，也沒有任何可知方法可造出它，故就算您找到了蟲洞門戶，也只能望門興嘆，不得其門而入。當然，你不一定非找到離自己母星最近的蟲洞門戶不可，但那是宇宙現成的時空隧道門戶，若不利用它，則你必需「開挖」另一條時空隧道，那就更難了。

天然產生的蟲洞並非只是一個幻想，二〇二〇年八月發表在《皇家學會月刊》（Monthly Notices of the Royal Society，MNRAS 000 1-412020）上的一篇論文中，俄羅斯天文學家提出，他們認為位於一些明亮星系中心的黑洞，實際上可能是蟲洞。原因是進入蟲洞一個入口的物質可以同時撞擊進入蟲洞另一入口的物質（即蟲洞兩端的物質互相撞擊），這將在巨大的球體中產生圍繞物體的伽馬射線的壯觀顯示，而黑洞的伽馬射線則僅以射流（jet）的形式噴出。

除以上難題外，對人類而言時間旅行的另一個大難題是人類的身體結構太脆弱及壽命不夠長。一九四七年七月、一九四九年及一九五三年五月的三次外星飛船墜毀事件中，一九四七年有一名存活的外星人（即雄性的 Ebe1），其餘均死亡。一九五三年則四名外星人皆存活（其中兩人殘廢），據現場科學家估測，該飛船是以每小時一二〇〇哩的速度撞擊地面，撞擊後飛船的部份船體嵌入沙子中。上述的飛船乘員若為人類，飛船撞擊地面後乘員必無倖存之理，原因是人類的身體結構太脆弱。平常高速路上每小時五十五哩的碰撞速度也會要人性命（若無繫安全帶），遑論一二〇〇哩的撞速。

除了人體結構無法承受較高速撞擊之外，旅途中的幅射也是一威脅。賽波團隊在飛往外星途中，大部份隊員（指揮官除外）都得頭暈與記憶不清的太空病，隊員三〇八則病死，而埃本人乘員卻沒有任何事情發生。凡此種種，是否與旅途中的高幅射有關？但無論如何，這些都說明了人類生理結構的脆弱。此種脆弱性也可從比較人類身體與埃本人身體的生理結構差異看出。

據 Release 36（serpo.org）透露，一九四七年七月羅斯威爾墜毀事件中存活的 Ebe1，他能透過圖像與美國陸軍人員溝通，當時眾多醫生和科學家對他進行了檢查，他們採集其皮膚樣本，檢查其體液，並對他進行了 X 射線檢查。他們發現 Ebe1 具有一個心肺合一的主要器官，及一個簡單的消化系統（一個器官充當胃，另一個器官充當腸）。找不到肝臟、胰腺和膽囊，顯然 Ebe1 的胃擔當了所有這些器官的功能，或者其身體不須要它們。Ebe1 的手、胳膊和腿上有小腺體，它們會在某些時候擴大，科學家不清楚這些腺體的功能。與人類相較，似乎 Ebe1 能以較簡化的身體器官結構，達成與人類複雜器官結構相同的功能。

Ebe1 的血液是淡紅色，含有類似人類的細胞（如紅血球和白血球），及科學家無法識別的其他許多東西。他的身體不須要大量的水／流體，他能通過分解食物來提取維持其身體所需的水分。他的身體能夠以某種方式確定所需的正確液體量，並消除剩餘的未使用液體。與人類相較，顯然 Ebe1 的身體不但不需大量水分，且其身體較能有效利用水分。

Ebe1 的身高四呎三吋，體重六十磅，他的體重從未改變，但身高卻會改變。一九四七年九月他被從羅斯威爾的隔離設施轉移到柯特蘭場（Kirtland Field）的隔離醫療設施。一九五〇年 Ebe1 再被轉移到洛斯阿拉莫斯國家實驗室的一個特殊設施，他與一位於一九四九年開始照顧他的一位軍方人員共同居住於一間三居室公寓，他倆成了最好的朋友。Ebe1 自飛碟墜毀被俘後存活了五年，他病死於一九五二年，其屍體於一九六四年被其同胞運回家鄉——賽波。

以上說明，與人類相較，Ebe1 的身體結構較能適應星際長途旅行。最後也是極為關鍵的一點，就是壽命的長短問題，埃本人的平均壽命三五〇～四〇〇（地球）年，[44]而人類僅約為其五分之一。如前所述，空間中越遠的兩點當折疊時需要越長的時空隧道來做為溝通橋樑，因此需要使用更長的航行時間來到達彼端。例如三十九光年的距離埃本人費時九個（地球）月來走完它，如果是三九〇光年的距離，埃本人要走完全程雖未必需費時九十個（地球）月，但肯定是要大於九個（地球）月。宇宙浩瀚，三九〇光年的距離只是小兒科，如果想要旅行到銀河系中心一遊，其航程達二六〇〇〇光年，就算利用蟲洞（且假設蟲洞長短與空間距離的長短成正比例），可能也需數百（地球）年，這時壽命就成了星際旅行的關鍵因素，埃本人來走這趟行程至少需費一生的光陰，若人類就要歷經好幾個世代。可以說，有著更長壽命的埃本人，確實比人類更適合進行長程星際旅行。

為達成長程星際旅行的目的，增長人類壽命的努力自五十年代以來已在默默進行。一九六四年六月十八日美國的聯繫人（contactee），不明飛行物研究家和作家喬治·華盛頓·範·塔塞爾（George Washington Van Tassel, 1910-1978）在一次電視採訪中透露，美國空軍和海軍根據從外星訪客首次獲得的信息秘密開發了許多技術，其中包括美國已經發展了五十多年的三個最重要的與國家安全相關的科技，它們分別是反重力技術、細胞再生和人類長壽之道，以及時間旅行／觀看過去和未來場景的技術。他又說他親自目睹了以月球為基地且已有數百年歷史的外星訪客的反重力技術。他透露，美國空軍至少從一九五六年開始就擁有反重力技術。[45]

範塔塞爾的言論相對印證了洛克希德臭鼬工程總監賓里奇（Ben Rich）在臨終前供認的話，即美國軍方現在可以前往星空旅行了，又說，外星飛碟的訪客是真實的。[46]以上的電視採訪是由來自KVOS TV 的傑克·韋伯斯特（Jack Webster）主持。範塔塞爾在一九三〇年至一九四七年之間曾為道格拉斯飛機公司（Douglas Aircraft）、休斯飛機公司（Hughes Aircraft）和洛克希德（Lockheed）工作。在休斯飛機公司期間，他擔任最高階飛行督察員。

電視採訪中範塔塞爾聲稱，一九五三年八月二十四日他被帶到一艘外星飛船上，內有四個看似人類，高度約五呎六吋的太空訪客向他提供了信息。其中一位訪客有七〇〇歲（地球年）的年齡，他為時間旅行提供一個簡單的數學公式，該公式直接將頻率與時間成反比關係。

## 2.8 與外星人拚搏需萬歲萬歲萬萬歲

根據範塔塞爾在電視採訪時的描述，多年來美國空軍和海軍獲得外星訪客的技術幫助，已經成功發展了反重力技術以及細胞再生和人類長壽之道等技術。關於此，美國反重力發展的傳奇人物之一，前海軍情報員及道格拉斯飛機公司智囊團成員的威廉·米爾斯·湯普金斯（William Mills Tompkins，見照片2-5）在一九五〇年代與其北歐族（Nordics）女秘書潔西卡（她的來歷見《傳奇（首部）》§ 7.2）的對話提供類似的支持論點：[47]

潔西卡：「你們的壽命不夠長，六十年或七十年不會少於吧，並非因為星星之間的距離，而是因為您成長到二十歲時在加州理工學院度過四或六年，得到了您的綿羊皮（按：指學士或博士服）。然後到航空航天領域工作，又用了二十年的光陰，他們給了您一塊閃亮的紀念錶，然後您退休了幾年，最後您走了。」

「我覺得困惑，您在說些什麼？」一個同事問道。

「簡單，如果您是五千歲的少年仔，技術上您可以有貢獻一萬年的時間，並可乘坐那些四公里長的銀河遊輪中的一艘環遊宇宙五千年。至關重要的是，您必須進入生物醫學領域，並控制您的抗衰老細胞。」

湯普金斯回道：「潔西卡，您是對的，但第一步怎麼做？」

「回顧一九五四年二月二十日在愛德華茲（Edwards）舉行的艾森豪威爾總統與北歐人的會晤記錄，他們建議你們需要做什麼？」

「哦！那是真的了。艾森豪威爾在一九五四年真的與外星人共舞嗎？」

「我永遠不會說。」

照片（2-5）　威廉·湯普金斯（William Tompkins）圖像。from Search4TruthReality
https://birdseyeview.xyz/secret-space-program-key-testimony-william-tompkins/

從以上湯普金斯與潔西卡雙方的對話可歸結出，北歐外星人可能已從身心各方面找到長壽之道，而潔西卡若是瑪麗亞·奧西奇本尊，則她從外星朋友處習得青春駐顏之術不足為奇。湯普金斯稱北歐人對開發用於太空計劃的生命延長技術特別有幫助。據稱，北歐人的壽命長達兩千年，他們在納粹時代之前和執政期間幫助瑪麗亞·奧西奇的維爾協會，及後來幫助美國開發了延長生命的技術。

湯普金斯說，一九六七年至一九七一年他於 TRW 航天與電子公司的智庫「先進概念」（Advanced Concept）任職期間，在初期階段即參與了機密的壽命延長計劃，其研究取得了重大突破，其成果遠遠超出了「二十及回歸」計劃（見傳奇首部 §2.2）中使用的技術。湯普金斯並說，TRW 最近開發出的藥物產品可以使一個人，無論其當前的年齡如何，都能使男性恢復到二十九歲或女性恢復到二十一歲，然後他們會在那個時代（年齡）停留了幾千年。此外，正如他在採訪中所描述的，大腦的功能可以比平時提高四倍。[48]

湯普金斯堅稱，北歐人一直在暗中協助 TRW（後來成為諾斯羅普·格魯曼公司的一部份）之類的公司開發一系列藥片（例如延壽藥）以抵消爬蟲人及其盟友灌入大氣中的有毒氣體的生物效應。[49]

古德說，北歐人是一個由四十個至六十個看似人類的外星種族組成的超級聯盟（Super Federation），這些種族在二十二次長期的遺傳實驗中涉及到二十五萬年前的不同外星種族的基因被併接到人類 DNA 的過程。[50]可以假設這些遺傳實驗旨在測試人類對一系列環境條件轉變的反應，在這些環境條件下外來干預是否會抑制或協助人類進化？因此，北歐人和其他看似人類的外星人一直在對抗爬蟲人及其盟友為污染大氣、水和食物供應以及改變人類遺傳學所做的努力，這是合理的推測。鑑於此 TRW 在北歐人的幫助下開發了延壽和健腦藥丸，這似乎是改變人類 DNA 的另一種嘗試，以幫助人們克服有毒污染物並發揮人類最大潛力。[51]

但如推斷北歐人是依靠醫藥產品來實現其千年壽命，此等想法是不正確的。喬治・亞當斯基（George Adamski, 1891-1965）在一九五五年出版其 UFOs 系列的第二本書：《飛碟內部》，他在書中提供了北歐人如何能夠延長壽命的特別見解，這本書成了當年的暢銷書。亞當斯基描述，他在北歐人的母艦進口處看到一副青春女神的肖像，其年齡約十八～二十五歲，其充滿智慧與同情心的眼神，加上肖像散發的美妙光芒使他屏住呼吸。稍後，女主人卡爾納（Kalna）指著肖像說：

「這是永恆生命（Ageless Life）的象徵，您會在我們的每艘飛船以及我們的房屋中找到它，這是因為我們始終將這個象徵懸掛在我們眼前，因此您不會在我們的人中發現任何年齡層的人。」[52]

卡爾納告訴亞當斯基的一番話表明，北歐人具有不受限制的大腦能力以及未受污染的身體，因此他們能夠以一種直接影響其遺傳學的方式在其意識中持續保持青春活力的想法。簡而言之，他們不會經歷衰老，因為他們的意識不允許有老化的觀念。

範塔塞爾又聲稱，訪客技術後來得到開發，可以觀看任何歷史時期的視覺場景，就像看電影般，但它不是電影。以上技術類似於後來由美國海軍主導的「窺鏡（Looking Glass，簡稱 LG）計劃」擬發展的技術。[53]實際上這種技術與埃本人贈送給美國政府的黃皮書（Yellow Book）中所展現的技術很類似。下文就來簡單介紹窺鏡裝置的梗概。

## 2.9 窺鏡裝置：地球時間機器／人工星際時空門

據曾在五十一區 S4 工作多年的丹・布里施（Dan Burisch）透露，窺鏡裝置其實是一種反向設計的星際時空門，它由外星技術逆向工程得到。[54]又依二〇〇二年九月十八～十九日對丹進行視頻採訪的比爾・漢密爾頓（Bill Hamilton），關於 LG 裝置，據他了解，這款設備（至少三到四年前）無法專注於未來的詳細活動序列。換句話說，就像一系列事件一樣，你無法確切地看到會發生什麼。他被告知要考慮將多元宇宙的想法與理查德・戈特（Richard Gott）在宇宙弦（cosmic strings）上的工作相結合。當設置正向模式時，顯然可以訪問多元宇宙。

比爾・漢密爾頓還被告知將 LG 提供的視圖視為許多潛在現實之一。[55]因此，顯然美國海軍早已成功研發出可堪應用的時間機器——人工星際時空門（即窺鏡裝置），實際上他們在七〇年代初到中期就已經在玩這把戲。至於處理時間序列，丹說地球上有超過五十個人造星際時空門，它們分佈在世界不同的國家（其中包括保加利亞的皮林山脈（Pirin Mountains）——見 Dan Burisch: Stargate Secrets – Part 2 Interview transcript, Las Vegas, June 2007. Shot, edited and directed by Kerry Lynn Cassidy）。他解釋說這些都不是真正的星際時空門，而是一種進入傳送門、蟲洞的裝置，意思是透過這些人造設備有可能進入到相應的五十多個自然的星際時空門（即愛因斯坦—羅森橋）。[56]

窺鏡裝置是一種輔助設備，它在六〇年代和七〇年代嶄露頭角，威爾・烏豪斯（Will Uhouse）

看到了它的第一代之一，這是一個非常大的設備。

據丹·布里施博士，窺鏡裝置被分成三個組件：一個投影組件、一個電磁環組件和一個用於星際設備和窺鏡設備的桶組件（見丹為窺鏡裝置提供的一些照片[57]）。當窺鏡裝置操作時，它們通常是協同工作的。它需要同時打開第二個窺鏡來獲得聲學效果。因此，除非打開第二個……讓它在另一個地方運行，那是威爾曾經去過的地方，他看到了第二個節點的位置，而不是位於帕普斯（Papoose）設施的第一個節點。基本上，原始設備是星際時空門設備，它是一個反向設計的星際時空門，它有能力向一個人展示未來（顯示概率）。[58]

亨利·迪肯在接受米洛特計劃採訪時清楚地證實了可以「看到」未來或可能未來的「窺鏡」裝置的存在。他還證實，在五萬兩千年之後，窺鏡數據似乎變成了空白，無法獲得更多信息。這正是丹·布里施所說的。（這個信息是在一次會面上提供的，亨利在比爾·瑞恩提問時完成了這句話。）[59]

窺鏡裝置的梗概略如上述，而黃皮書又如何？後者的主要功能當然是做為一本書，但它並非用文字書寫及印刷，它能展現視覺效應，可查看或記錄過去的事件。

多奇妙的一本書！你看著它就如同看一場電影。然而比電影更神奇的是，電影是由導演鋪設情節，永遠單向放映，且使用單一語言。但描寫宇宙史（包括地球與埃本人歷史）的黃皮書則能依你所使用的語言放映出你想看的歷史。

## 註解

1. Carlson, Gil, copyright 2013. Blue Planet Project: The Encyclopedia of Alien Life Forms, Wicket Wolf Press

2. Carlson, 2013, op. cit., pp.23-24

3. Carlson, 2013. Op. cit., pp.21 -22

4. A further update from ‘Henry Deacon’, May 2, 2007. http://sprojectcamelot.orghenry_deacon_compilation.pdf

5. Carlson, 2013, op. cit., p.20

6. sadcorp. What is the Advanced Contact Intelligence Organization (ACIO)? https://busy.org/@sadcorp/what-is-the-advanced-contact-intelligence-organization-acio-23c59cefa0522

7. Daniel M. Salter, Life with a Cosmos Clearance, Light Technology Publishing, 2003. “Chapter 12: The Wing Makers and the Ancient Arrow Site.”

8. The Serpo releases 1-21, 2 November, 2005 to 30 August, 2006

9. 把我們所身處的宇宙想像成是一顆球，則所有的星系皆處在以球體中心起算，不斷向外擴張的球形表面，而球表面是向時間軸彎曲。我們所處的空間即是位在球體的最表面，而從表面往球中心點算進去，就是所謂的子空間（subspace）。太空船在子空間飛行是走直線，若在球形表面飛行是走曲線，前者的路徑較短，當然可較快到達目的地。

10. Miguel Alcubierre, Letter to the Editor: The warp drive: hyper-fast travel within general relativity. Classical and Quantum Gravity, Volume 11, Number 5, L73-L77， 1994

11. Time Control Technologies and Methods, by Dr. David Lewis Anderson, 2008, from Anderson Institute Website

12. Alschuler, William R. The Science of UFOs–What If They're Real? Byron Preiss Visual Productions, Inc. (New York, NY)，2001

13. 負質量物質（即負物質）擁有的質量是負數，被稱為負質量，由於根據相對論質量和能量可互相轉換，負質量在某種意義上又可以等同負能量。這裡的「負物質」與「反物質」是完全不同的概念，負物質擁有負質量或負能量，而反物質具有正質量或正能量。反物質與普通物質一樣會被重力場吸引，但負物質則不會受重力場吸引，反而會受其排斥，它們可能不受已知的物理定律約束。

14. Space Command – Project Camelot Interviews with Captain Mark Richards by Kerry Cassidy, 2013-2014. Interview 1: Total Recall–My interview with mark Richards, November 8, 2013。

https://www.bibliotecapleyades.net/sociopolitica/sociopol_globalmilitarism180.htm

Accessed 6/26/19

15. Ibid.

16. Ibid.

17. Space Command – Project Camelot Interviews with Captain Mark Richards by Kerry Cassidy. 2nd Interview with Capt. Mark Richards by Kerry Cassidy on August 02, 2014.

https://www.bibliotecapleyades.net/sociopolitica/sociopol_globalmilitarism180.htm

Accessed 6/26/19

18. Nola Taylor Redd，What Is Wormhole Theory? October 21, 2017

https://www.space.com/20881-wormholes.html

19. 卡西米爾效應是由量子化場產生的物理力，例如在兩個不帶電的板之間。這可以產生一個局部質量為負的時空區域，可以穩定蟲洞以允許比光速更快的傳播。在量子場論中，卡西米爾效應和卡西米爾－波爾德力（Casimir-Polder force）是由量子化場產生的物理力。典型的例子是在真空中放置兩塊不帶電的金屬板，相距幾微米，沒有任何外部電磁場。在經典的描述中，沒有外場也意味著板之間沒有場，它們之間不會測量到力。當使用量子電動力學研究該場時，可以看到板確實影響構成場的虛光子，並產生合力，吸引力或排斥力取決於兩個板的具體排列。

Time Control Technologies and Methods, by Dr. David Lewis Anderson, 2008, from Anderson Institute Website

20. Ibid.

21. Wormholes, Time Machines, and the Weak Energy Condition Michael S. Morris, Kip S. Thorne, and Ulvi Yurtsever Phys. Rev. Lett. 61, 1446 – Published 26 September 1988

22. Nola Taylor Redd, op. cit.

23. Time Control Technologies and Methods, by Dr. David Lewis Anderson, 2008, from Anderson Institute Website

24. RELEASE 27a - Reagan Briefing
http://www.serpo.org/release27a.php
Accessed 7/17/19

25. Release 30: Ancient Astronauts Crash Land During the Dinosaur Era of Earth's Distant Past! (1 July 2008)
http://www.serpo.org/release30.php

26. Release 32: EBENS Land on AKAU Island For 2009 Meeting!

http://www.serpo.org/release32b.php

27. Time Control Technologies and Methods, by Dr. David Lewis Anderson, 2008, from Anderson Institute Website

28. Kasten, Len. Secret Journey To Planet Serpo: A True Story of Interplanetary Travel, Bear & Company (Rochester, VT), 2013, p.117-118

Also Posting Eleven by Anonymous (21 December, 2005) / SERPO.org

29. Kasten, op. cit., p.120, 126-128

30. 位置上阿匹克斯（Apex）是位於天琴座最亮的恆星與距地球二十五光年的維加（Vega）附近。有關人形種族的星系歷史見 http://www.exopaedia.org/Humanoid+galactic+history

31. 獵戶座（Orion）是一片大星雲（Great Nebula），包含了數千顆恆星，而參宿四（Betelgeuse）、里格爾（Rigel）及貝拉特里克斯（Bellatrix）則是其中一些較著名的恆星。獵戶座中被發現的人形生物其物理特徵如下：

- 75％的居民是自然的素食主義者人類；
- 10％的居民是膚色較深的天琴人；
- 1％的居民是白種天琴人。

http://www.exopaedia.org/Orion

32. 又稱「七姊妹」（The Seven Sisters）的昴宿星團（Pleiades）是一個開放的恆星團，主要由金牛座（Taurus）的中年Ｂ型熱恆星組成，距地球約四四四光年，目前星團中已被識別出約一千顆恆星。根據接觸者被告知的信息，昴宿星團因是類人生物的家鄉，它與地球人類最為相似。據推測，地球人類主要是藉由昴宿星人的ＤＮＡ創造出來的。該星團約有二五〇顆行星住有居民。昴宿星人是從天琴人團體中分裂出來的，主要是白人，種類繁多，很像地球上的人。他們的高度從五呎到七呎，其眼睛比地球人類的眼睛大，眼睛色調也與地球人不同。接觸者遇到的許多金髮（Blonds）或北歐型（Nordics）外星人都是來自昴宿星團。昴宿星人是行星聯合會（Federation of Planets）的一部分，儘管存在一些反叛派系。反叛者中的一些人（主要來自 Alcyone）加入了德拉科帝國，而另一些人則希望保持中立。
http://www.exopaedia.org/Pleiades

33. 見 exopaedia.org/Apex

34. Prenesene poruke, Lyrans: Lion People, 2012/03/20
https://www.elementi.info/single-post/2012/03/20/Lyrans-LionPeople

35. Humanoid galactic history,
http://www.exopaedia.org/Humanoid+galactic+history

36. Len Kasten, Article 6: Atlantis Rising 61 , Jan-Feb 2007.

http://www.serpo.org/article6.php

37. Salla, Michael E., Ph.D., Insiders Reveal Secret Space Programs & Extraterrestrial Alliances, Exopolitics Institute (Pahoa, HI), 2015, p.295

38. 鮑勃・拉扎爾稱，這是元素 115。他指的是自然產生的元素 115，它不具放射性，至於人造的元素 115，則具有高放射性。因此若埃本人飛船使用元素 115 為燃料，則它應是另一種相對穩定的元素 115 同位素。

39. 見 Release 32，op. cit.

40. 哈羅德・普索夫（Harold E. Puthoff）博士於一九六七年從史丹福大學獲得博士學位，並於二〇一七年獲得了《名人錄》終身成就獎（Who’s Who Lifetime Achievement）。他是 TTSA（Science and Technology of TTS Academy；或稱 To The Stars Academy Of Arts and Science）的聯合創始人兼科學技術副總裁。TTSA（科學與技術部）從公共和私人來源收集與 UAP（即 UFO）現象有關的文檔和有形材料進行研究，然後將其背後的變革性技術轉變為更廣泛的公共利益，以資應用。TTSA 的咨詢和研究部門由五角大樓、中情局、國防部和洛克希德・馬丁臭鼬工廠（Skunkworks）的前高級官員組成。自 1985 年以來，普索夫博士一直擔任地球技術國際有限公司（Earth Tech International, Inc.，簡稱 ETI）的總裁兼首席執行長，以及奧斯丁高級研究院（Institute for Advanced Studies at Austin, 簡稱 IASA）所長。他發表了許多有關電子束裝備、激光器和太空推進器的論文，並在激光器、通訊和能源領域獲得了許多專利。普索夫博士的專業背景涵蓋了通用電氣（GE）、Sperry、國安局（NSA）、史丹福大學和 SRI International 的超過五年的研究。他定期為 NASA、國防部和情報部門、企業以及基金會提供有關領先技術和未來技術趨勢的建議。

"Dr. Hal Puthoff Address to the SSE/IRVA Conference", Las Vegas, 8 June 2018

http://paradigmresearchgroup.org/wordpress/2018/06/12/dr-hal-puthoff-presentation-at-the-sse-irva-conference-las-vegas-nv-15-june-2018/

41. 紐約時報登載的報導與幽浮有關，那是一篇有關前海軍飛行員大衛．弗拉弗（David Fravor）在其北卡羅萊納州溫德姆（Windham）的家中接受訪問時的說詞。當時，他說太平洋上發生的不明原因的事件使他很覺「奇怪」。他的故事引起五角大樓的調查幽浮現象。

"2 Navy Airmen and an Object That 'Accelerated Like Nothing I've Ever Seen'

By Helene Cooper, Leslie Kean and Ralph Blumenthal

Dec. 16, 2017, The New York Times

https://www.nytimes.com/2017/12/16/us/politics/unidentified-flying-object-navy.html

42. 靈遁者，「光速與真空介電常數以及真空磁導率的關係」，2018-12-25

https://kknews.cc/news/8q6g6re.html

43. "Dr. Hal Puthoff Address to the SSE/IRVA Conference." Op. cit.
44. RELEASE 27a，op. cit.
45. Michael Salla, Historic interview reveals national security secrets learned from Extraterrestrials. Posted in Exopolitics Research, March 21, 2013
https://exopolitics.org/historic-interview-reveals-national-security-secrets-learned-from-extraterrestrials/
46. Solar Warden: Revealing A Secret Space Agenda
https://www.groundzeromedia.org/solar-warden-revealing-a-secret-space-agenda/
47. Tompkins, William Mills, Selected by Extraterrestrials: My life in the top secret world of UFOs, think-tanks and Nordic secretaries. Edited by Dr. Robert M. Wood, CreateSpace Independent Publishing Platform (North Charleston, South Carolina), December 9, 2015, p.226
48. Salla, Michael E., Ph.D., The U.S. Navy's Secret Space Program & Nordic Extraterrestrial Alliance. Exopolitics Consultants (Pahoa, HI), 2017, pp.292-293
49. Ibid., p.293
50. Salla, Michael E., 2015, op. cit., p.285
51. Ibid., pp.293-294

52. Ibid., p.294

53. Michael Salla, March 21, 2013, op. cit.

54. Dan Burisch: Stargate Secrets – Part 1 Interview transcript. Las Vegas, June 2007 Shot, edited and directed by Kerry Lynn Cassidy.
https://projectcamelot.org/lang/en/dan_burisch_stargate_secrets_interview_transcript_1_en.html

55. Project Looking Glass. From Bill Hamilton's website.
https://projectcamelot.org/project_looking_glass.html

56. Dan Burisch: Stargate Secrets – Part 1 Interview transcript. Op. Cit.

57. Project Looking Glass.
https://projectcamelot.org/project_looking_glass.html

58. Dan Burisch: Stargate Secrets – Part 1 Interview transcript. Op. cit.

59. A further update from 'Henry Deacon', May 2, 2007
http://sprojectcamelot.orghenry_deacon_compilation.pdf

# 第③章 與外星人的「第三類接觸」

黃皮書是由埃本人書寫的宇宙史，它記載了地球發展或進化過程中外星人與人類的互動與參與，也是埃本人於一九六四年四月在霍洛曼空軍基地（Holloman AFB）著陸時被帶到地球，並於當時被轉送給美國政府。致贈者是Ebe2（女性），她同時也擔任翻譯。[1] 此處值得一提的是史蒂芬・史匹伯（Steven Spielberg）導演，於一九七七年發行的電影《第三類接觸》（Close Encounters of the third Kind），其最後拍攝的場景出現有十個男人及兩個女人登上外星飛船，進行人類與外星人交流的情節，這一切就是基於著名的霍洛曼登陸事件。

所謂「第三類接觸」是基於天文學家及幽浮研究員艾倫・海尼克（J. Allen Hynek）教授的分類，他也是美國空軍數個與幽浮有關計劃的顧問，他同時在史匹伯的電影中客串一角。根據海尼克，第一類接觸定義為在五百呎內看到幽浮，且能對它做精確描述。第二類接觸定義為看到幽浮時能引起身體上的感覺，例如有熱感或引起身體癱瘓。第三類接觸是實際上看到行動中的外星人。

來自GRUDGE／藍皮書報告第十三章的訊息涉及到黃皮書，其中提到：[2]

·EBE（外星生物實體）是一九四七年新墨西哥州羅斯威爾墜機時捕獲的活外星人的名稱或稱號，最後死於囚禁。

·KRLL是第一位外星人駐美利堅合眾國大使。

·客人（GUESTS）是與人類作交換的外星人，他們給了我們黃皮書的餘額，一九七二年開始時只剩下三名活著，現在我們大約有四千名。他們被稱為外星生命形式（Alien Life Forms，簡稱ALF）或OBS。

·黃皮書是我們所知道的關於外星科技、文化及其歷史的全部內容。

·宗教——外星人相信宇宙萬物之神。外星人聲稱男人（MEN）是由他們創造的混合體。他們聲稱所有宗教都是他們創造的，以加速文明文化的形成並控制人類。他們聲稱耶穌是他們努力的產物。外星人已經提供了他們聲稱的證據，並擁有一個「設備」，可以讓他們以聽覺和視覺方式展示給他們或我們希望看到的歷史任何部分。

## 3.1 黃皮書：透過意識以全息圖無休止的顯示歷史故事和宇宙照片

埃本人於霍洛曼登陸時帶來了黃皮書作為見面禮，嚴格來說它不完全是一本書，而是一塊

8×11吋的水晶長方形塊狀物體，大約二點五吋厚，由透明、沉重的玻璃纖維型材料製成，其性質和外觀皆透明，這本書的邊框呈鮮黃色，因此稱為黃皮書，看起來像是iPad之類的東西！

一種說法是黃皮書並不利用門戶或蟲洞，而是進入意識領域，以便通過全息圖（hologram）顯示可能的結果。讀者望著透明的書表面時，他將開始看到單詞，而圖像則在他面前閃爍。最為奇特的是，根據讀者正在思考的特定語言，黃皮書將會自動顯現該種語言，到目前為止，美國政府已經確定了八十種不同的語言。

黃皮書的圖像展現的是一個無休止的一系列歷史故事和我們宇宙的照片，以及埃本人目前的星球和社會生活及其以前的故鄉，此外也包括其他關於宇宙的有趣故事。黃皮書還包括歷史敘事以及有關地球歷史（從外星人角度看）和遙遠過去的各種記載。[3]例如它講述了埃本人於約兩千年前首次訪問地球的情況，此時就出現了當時的地球，還出現了一個貌似耶穌基督的埃本人影像。根據黃皮書，這個地球人類在地球創建了宗教（基督教），並在地球擔任首任外星人大使。「匿名」認為，任何讀過黃皮書的人，將會有此印象，即埃本人與耶穌基督存在一些關聯，或者也許耶穌基督是他們其中之一。[4]

耶穌也有可能是一個經過基因工程設計的人類與外星人的混合體，被派往地球，教人類一堂愛和寬容的課，但事實是人類沒有學到這一課！正如作家阿瑟·克拉克（Arthur C. Clarke）所說：「任何足夠先進的技術都與魔法無異。」古人對耶穌的神蹟印象深刻，這並沒有什麼奇怪的。當然，耶穌的神蹟並不是外星人第一次試圖影響人類事務。此前，他們成功地以「燃燒的灌木」的形式出現在摩西面前，並向人類展示了十誡。外星人認為基督計劃不會有什麼不同，但不用說，他們的實驗出了差錯。（儘管許多人相信並教導說犧牲自己的生命是他在地球上逗留的主要目的）

當埃本人回來檢查耶穌的進展時，他們很生氣，發現人類已經殺死了他。更糟糕的是，這些原始地球人在那之後開始崇拜他。[5]

《黃皮書：地球上外星人的歷史（藍色星球計劃）》作者吉爾・卡爾森（Gil Carlson）說了以下一段話，雖然很令人心驚，但希望讀者以開放的心胸看待。最重要的是希望這段話能幫助人們相信全能上帝是存在的，宗教信仰是健康的，但不要迷信。以下是卡爾森的說詞：

「兩千年和數以百萬計的暴行之後，太空外星人耶穌仍然被當作上帝來崇拜。人真是個可憐的生物……極度渴望一個『全能的存在』來控制和調節他們的生活……瘋狂地在玉米餅、油漬和樹幹中尋找『上帝』。好吧！不管你喜不喜歡，藏在某個極端機密的政府設施中（甚至更有可能在梵蒂岡檔案中）可能是地球古代宗教的大多數『神』，都是外星人的明確證據。」

「地球上有多少宗教是建立在外星人與人類互動、展示技術、被原始人類誤認為『神』的基礎上的。有點像二戰期間太平洋上的貨運崇拜，他們崇拜技術先進的美國人，後者經常飛到他們的島嶼上，給他們食物，展示無線電和槍支等『奇蹟』物品。不幸的是，當權者非常樂意讓人類相信錯誤的宗教，這使他們保持平靜、順從和克制（按：這真有點像中國歷代王朝的尊崇孔子與儒教，要的是一個不受挑戰的中央極權）。因此，一般公眾不太可能真正親眼看到確鑿的證據。但作為有邏輯、有智慧的人，我們人類有能力為自己認清有關宗教的真相。」[6]

耶穌受難時有外星人在場嗎？這個問題被提出是因為畫在 Svetitskhoveli 大教堂（喬治亞首都第比利斯，Tbilisi 西北部）的牆上，是一幅讓陰謀論者陷入狂熱的基督形象。壁畫顯示基督被釘在十字架上，周圍聚集著一大群人，但在左上角和右上角似乎是飛行器或某種形式的先進技術，當然，人類在兩千年前顯然不會擁有這些。這些飛船是圓頂狀的，每條船都有三條軌跡離開船身，看起來它們像是某種推進劑所產生，或者可能是燈光照射下來。研究十一世紀繪畫的藝術史學家聲稱，這些奇怪的飛行器實際上代表了守護天使，但在直到一四五〇年代的東南歐和西南亞的拜占庭時期，天使一向是被描繪成長著翅膀的人形。

這位不知名的藝術家似乎在告訴我們，這些飛碟在耶穌死時就在現場。這些面孔可能意味著這些飛行器是由似乎在事件中發揮核心作用的人或生物駕駛的。他們一定是受難故事的一部分，至少是喬治亞東正教教會所教導的。早期的藝術家和東正教教會是否知道今天對我們隱瞞的有關古代外星人的某些事實？

這可能會讓您感到驚訝，但縱觀歷史，耶穌基督和基督教都與外星人活動有關。兩份來自埃及的不同文本，現在保存在紐約市的摩根圖書館和博物館（Morgan Library and Museum），另一份保存在賓夕法尼亞大學博物館，在過去幾年中破譯，這些實際上表明耶穌是一個外星的變形金剛

（shape-shifter）。現在這真的變得很奇怪了！經文描述了猶大背叛基督，於是猶太人對猶大說：「我們如何逮捕他（耶穌）？因為他沒有單一的形狀，但他的容貌發生了變化。有時他是紅潤的，有時是白色的，有時是紅色的，有時是小麥色的，有時是苦行僧般的蒼白，有時是青年，有時是老人。」另一份用科普特語（Coptic language）（埃及文的一種形式）寫成的讀物描述了本丟．彼拉多（Pontius Pilate）在耶穌被釘十字架的前一天晚上如何與他共進晚餐的情景。

這位在科普特教會被視為聖徒的羅馬人告訴耶穌：「那麼，看啊，黑夜來了，起來又退卻，當早晨來到時，他們指責我，因為你，我要把我唯一的兒子給他們，這樣他們就可以代替你殺了他。」耶穌回答說：「哦！彼拉多，你被認為配得上大恩，因為你對我表現了良好的性情。」據推測，耶穌隨後向彼拉多展示了他可以通過變形來逃脫。經文寫道：「彼拉多看著耶穌，不料，他變成了虛體；彼拉多長時間都沒有見到耶穌了。」

《與聖埃米迪烏斯的報喜》（Annunciation with Saint Emidius）是意大利藝術家卡洛．克里維利（Carlo Crivelli）於一四八六年繪製的祭壇作品，是為紀念天使加布里埃爾（Angel Gabriel）向聖母瑪利亞宣布她將生下耶穌而製作的。陰謀論者認為，左上角描繪的向瑪麗發光的戒指是外星飛船。但藝術專家說，那只是展示了一小群天使聚集在雲圈周圍，戒指和光代表聖靈降臨聖母瑪利亞。藝術專家認為該幅畫與「天開了，聖靈如鴿子降下，照亮了他」這幅畫有同一意涵，後者是由荷蘭藝術家阿爾特．德．格爾德（Aert De Gelder）在十八世紀繪製的。不明飛行物搜尋者認為，這個向施洗者約翰（John the Baptist）和耶穌發出光芒的圓盤狀物體可能是不明飛行物。

互聯網幽浮理論家網站的一篇文章《遠古外星人》（The Ancient Aliens）提到：「這個場景已經被許多藝術家描繪過。」然而，這個場景特別有趣，因為飛碟盤旋在場景上空，光束向下照射並照亮了整個事件。考慮到德格爾德作為他那個時代的精英藝術家之一的聲譽，這件作品很可能是為了被認真對待，並旨在傳達耶穌與外星人的聯繫，並且可能起源自外星人的訊息。[7]

邁克爾．沃爾夫博士在談到耶穌基督時也說，他是ET／人類的共同資產，他是為了結束人類暴力而被派往地球。在提到上帝時，他說一些ET稱永恆的上帝是宇宙萬物的創造者。且說，無論是澤塔人、昴宿星人（Pleiadian），阿爾塔蘭人（Altaran）或人類等，我們共享同一個上帝，我們都是一家人。並說，我們的身體僅是靈魂的容器，當人們死去時他們的意識只是轉移到另一個維度。[8]

匿名花了三天時間，每天十二小時，持續閱讀黃皮書，仍未到達終頁。他認為沒有人能知道，讀到最後一頁須費多少時間，或有什麼方法可以找到書的結尾。如果您一旦放下黃皮書，以後回頭再讀時就必須從頭開始。匿名同時提到，總統的科學顧問曾連續花了二十二個小時閱讀，但是仍然沒有結束。換句話說，黃皮書無法辨識人的唯一性。他又說，黃皮書可以追溯到大約兩千年前，但他並沒有查看整部黃皮書，也不認為其他人曾查看過。

匿名認為即使回到公元前兩千年之前，黃皮書可能仍會出現一些視圖、圖像或歷史記錄。此外，黃皮書僅顯示一些事件，但沒有顯示日期。（按：這可能是因為兩千年以來的人類歷史大皆是根據耶穌出生年份的傳統計算來指定事件年份，如公元前或公元後，埃本人並不使用這套系統，而他們也不可能使用雙星系統的星球日期來敘述地球事件。）

## 3.2 清潔球：澤塔網罟座恆星系統在地球的準大使館

為了幫助我們更理解黃皮書，埃本人詳細介紹了我們的歲月作為參考點。此外，若據丹・布瑞施的聲稱，J-Rod是黃皮書的來源，這將事物置於不同的角度。根據布瑞施的說法，J-Rod是來自未來的訪客。因此，黃皮書包含的「預測」在未來會被收集為過去發生的事情。這種說法與Krill是黃皮書的來源之說法一樣，都與過去的認知相左。

根據黃皮書，依埃本人的說法，宇宙是在一瞬間創建的，這類似於我們的「大爆炸理論」（Big Bang Theory）。宇宙在繼續擴展了約二五〇億年（埃本人的年）後，它將會收縮到其初始形狀。宇宙一旦收縮到此狀態，就會再次擴展，如此重複整個過程，這稱為「宇宙的壽命」（The Life Span of the Universe），這就是埃本人的宇宙膨脹理論。[9]

已故的比爾庫珀（Bill Cooper）在克里爾報告（Cril Report）中聲稱，一九五四年來自Tiphon（位在Draco）的交換大使（實際上是做為人質）克里爾（O. H. Cril或拼音為O. H. Krill或KRLL）是黃皮書的主要訊息來源之一，這種說法可能與已知的訊息相衝突。原因是另一個說法指出，黃皮書是由埃本人於一九六四年四月在霍洛曼空軍基地（Holloman AFB）著陸時被帶到地球，並於當時被轉送給美國政府，可以說黃皮書是一本在外星球早已完成的書。此外，沒有任何資訊曾指出 Krill 是埃本人，因此我認為黃皮書的著作應與 Krill 沒有太多淵源，除非 Krill 在外星時曾涉及它的著作；也沒有證據指出黃皮書是由 Krill 轉贈給美國政府。

克里爾（到底是 Cril 或 Krill 或 KRLL，這可能會令人困惑）是天龍系統蜥蜴物種的名稱。這個名字最初是屬於美國政府與他們第一次正式接觸後留在地球上的「大使」之一的名字。後來，這個名字被用來表示「克里爾大使」所屬的物種。艾森豪威爾總統於一九五四年二月二十日會見了第一位外星大使克里爾。克里爾幫助與後來被稱為「以太人」（Etherians）的外星種族建立了外交關係。

以上的外星大使後文將稱之為 Krill 或 KRLL，他提供了後來《紅皮書》（*Red Book*）編輯的許多資訊，Krill 的代碼是 Cril，而 O. H. 則是"ORIGINAL HOSTAGE"的縮寫，所有來自 KRLL 的資訊當然也是由 O. H. Cril 所創作，這些訊息通常具有科學性或看似神秘的性質，並且經過過濾，因此無法從它們推斷出外星種族或文化，這樣做是為了可以從那些不知道秘密的專家那裡收集反饋和建議。

上文提到的《紅皮書》是美國政府雇請特約編輯所寫，其內容涉及大量的人類與外星人接觸的歷史資訊。少數讀過《黃皮書》並向總統作詳細報告的人，其報告內容後來被加入到《紅皮書》。因此《紅皮書》可說是《黃皮書》的延伸，它的內容包含來自《黃皮書》的部份資訊與其他資訊的結合，它可說是提交給大多數美國總統的執行摘要的主要訊息來源。紅皮書只包括最重要、最引人注目的案例，還包括對任何趨勢、目擊類型、人類與外星實體（Extraterrestrial Entity, 簡稱 ETE）的接觸，以及我們的政府或地球可能存在的任何國家安全問題的分析。

實際發生的是，當幽浮報告被政府機構（無論是軍事還是民用）認為是可信時，它們會被送回政府的一個特殊部門進行後續分析。一旦審查程序完成，就被轉送到一個特別小組，該小組將其置於最終審查，以便納入《紅皮書》。

目前不知道 KRLL 的事情是否包括在《紅皮書》內，但可以想到的是，KRLL 提供的資訊也包括外星人傳遞給國防合約公司與美國太空計劃的科技資訊。數年之後，KRLL 生病了且幾乎死亡，最後由一位最終成為政府外星醫學和病理學專家的醫生進行護理而救活了他。

KRLL 最終還是死了，但其後很多年，為了一些目的這個假名還是繼續被使用著，如今可能用或可能不再用。縱然如此，KRLL 相關論文必定是由政府或軍方某些知道訊息的人所創作，理由是作者 O. H. Krill 很明顯地是 O. H. Cril，因此也即是 KRLL。[10]

除了 J-Rod 和 Krill 與黃皮書的來源牽扯不清之外，另有一個可能來源的說法也要在此一提。據稱：一九五四年，艾森豪威爾總統在愛德華茲空軍基地會見了 P52 獵戶座（或稱北歐人）的代表，目的是簽署一項條約，並得到了一個名為「獵戶座立方體」（Orion Cube）（又名黃皮書）的東西作為交換。獵戶座立方體是一個 8 × 8 英寸的方形立方體，它是一種量子觀察裝置，激活後可以訪問全息記錄的歷史和未來概率。

S4 第二層中裝有一個叫做主窺鏡裝置（Primary Looking Glass Device）的東西。在這個裝置的兩側是兩個愛因斯坦 - 羅森橋（蟲洞）和一系列用作指南針的銀河定位代碼。此外，第二層有兩個星門（Star-gate）跳板、項目側踢存儲設施（Project Side-kick storage facility）和武器研發。

當注入氫氣時，帶有高度可調旋轉圓柱體的窺鏡裝置允許科學家們向前和向後扭曲時間／空間。放置在這個圓柱體環內的是多個永久磁體，其所形成的電磁場與該設備（窺鏡裝置）上方形成的六個電磁場一致，揭示了未來事件的可能性。該設備的次要功能是，當以 45° 角放置並調節到稍微不同的頻率時，它可以充作愛因斯坦 - 羅森橋（蟲洞）。雖然主要的窺鏡裝置聽起來也可以作為時間旅行機，這應是外星技術，但它是否與黃皮書有任何關係，又是否是黃皮書的延伸書和基於它的技術？

加壓氫氣清潔球（Clean Sphere）被安置於 S-4 設施第五層（最底層），它有五十二英尺寬，由一個兩英寸厚的有機玻璃透明氣泡構成圓頂，一個名為 J-Rod 的外星生物實體（或 EBE）將被限制在透明氣泡構成的收容區域內。J-Rod 呼吸的大氣混合物與我們自己的氧——氮大氣不同之處在於：潔淨領域內極其寒冷的設施。氣體混合物中沒有足夠的氧氣來維持人類（我們目前理解的「人類」）的生命。換句話說，如果人類不穿 TES（套裝）進入清潔球，他們會很快死於窒息和寒冷。

圓頂將從構成 EBE 收容區的下方以液壓方式升高。以這種方式進行所有相互作用以防止交叉污染。由於 J-Rod 的肺活量，清潔球內充滿了常規數量的氧氣和氮氣，氫氣則增加了5％。軍方稱 J-Rod 為大使，但該實體認為自己是俘虜，在他五十年的任期內受到了惡劣的對待。

清潔球這個區域是代表澤塔網罟座恆星系統的準大使館，丹・布瑞施將從該外星生物實體身上採集組織樣本，該實體通過心靈感應向布瑞施傳達，他是來自未來的人類（按：應是指非來自地球的類人生物），從澤塔網罟座附近的一顆行星被送到地球，以尋找治療遺傳性神經病缺陷的方法。在這些互動中，布瑞施將被要求穿著正壓服以防止生物污染物侵入，這與宇航員在阿波羅任務中穿的衣服沒什麼不同。被稱為 J-Rod 的實體有三點五英尺高、黑色的大眼睛、四位數的手和腳及細長的手臂，他的真名是 Ch'el'ah。[11]

上文提到，丹・布瑞施（Dan B Catselas Burisch）博士說，J-Rod 是來自未來的訪客，這句話可能造成了許多人困擾，這些人共同的第一個反應可能是：丹究竟是何許人？為何他如此語出驚人？而利弗摩爾物理學家亨利・迪肯竟也支持丹的說法。

## 3.3 遭外星人綁架的地球人親身體驗非比尋常的星際時空門

以下的介紹內容是根據丹・布瑞施的同事馬西婭・麥克道威爾（Marcia A. McDowell）博士於二〇〇六年九月所撰寫的簡短傳記。[12]丹的個人複雜故事涉及 Majestic 12 及數個來自未來不同時間的類人群體，他們都被歸入 J-Rods。此傳記並附有許多解釋性註腳，都是由卡米洛計劃所添加，但為了容易閱讀，筆者將一些註腳融入內文。至於馬西婭博士，她不但在火星計劃的研究與出版方面與丹有合作關係，且曾一度被 Majestic 徵召去與丹共事，因此她對丹與 Majestic 的關係頗為清楚。

在一九九一年海灣戰爭期間，丹被分配到一個黑／行動部隊，並被部署到國際聯盟的行動區，目的是打擊一個流氓軍事單位對伊拉克軍隊使用未經授權的生物戰劑的計劃。回國後，他擔任寶瓶座項目（Project Aquarius）的工作組組長，並獲得 S4 設施的「微生物學家 V」的頭銜。他的職責包括領導一組科學家調查 J-Rod（地外實體）的神經病變。此類調查包括將 J-Rod 引入清潔球收容單元並直接與 J-Rod 交流，然後處理、評估和轉化其組織樣本以重新引入到 J-Rod 體內，目的是改善其病理。

在一九九〇年代後期，丹因違反直接命令而受到多數委員會的正式譴責，但在二〇〇六年透過位於法國的一個非常私人宗教組織的干預，丹恢復了他的學歷。在二〇〇五年期間，丹在短時間內擔任 Majestic 12 的臨時成員，即 MJ-9，並最終被任命為 H-1-Maj，這是公開「地外人類血統（時間旅行）信息」的指定人員職位。他於二〇〇六年九月完成了最後的任務，並退役。

二〇〇七年六月，新的 Majestic 小組邀請丹參加為期數月的有關「國家安全」問題的特別項目，他接受了邀請。這項任務一直持續到二〇〇七年十二月十四日。

離開 Majestic 後，丹作為「Eagles Disobey 研究聯盟」的首席科學家和 Eagles Disobey, Inc. 的公司董事，繼續與馬西婭・麥克道威爾博士（Eagles Disobey, Inc. 總裁）一起推進和發表研究。他們的出版物包括對火星異常的圖像分析、針對治療藝術和科學的聲學研究，以及一項名為「蓮花」（Lotus）的不尋常發現。

丹與外星人和 Majestic-12 的經歷可以追溯到大約二十年前。他於一九八六年入選 Majestic，當時他還是內華達大學拉斯維加斯分校（UNLV）的學生。甚至在他進入 UNLV 之前，他就在微生物學方面有著悠久而傑出的歷史，在洛杉磯顯微學會工作多年，並與 約翰・班揚（John Bunyan）博士（英國）一起學習，所以 Majestic 知道他很有天賦。

丹的一部分歷史可以追溯到，並且與所有這一切有關。那是在一九七三年，綁架地點發生在加利福尼亞州梅博亞爾公園（Mae Boyar Park）上方。他在綁架情況下遇到了一群 J-Rod（有關詳細信息，請參閱 Project Camelot 對 Dan 的第一次採訪）。他對那次經歷的記憶很少，但後來他才知道，這對他來說是一個關鍵的轉折點。

值得一提的是，外星人在綁架丹後將一植入物（implant）添加到他的體內。二〇一五年一月二十四日星期六下午 4:06 至下午 5:40（西海岸時間），丹被安排進行植入物移除手術，這是在丹的竇腔內進行的三次手術中的第一次。手術通過了他的嘴巴，同時通過了一個鼻孔。

手術＃1：移除種植體並密切觀察丹。（手術已經完成，也密切關照他。）在這次手術中，丹掉了幾顆恆牙。

手術＃2：手術路線相同，但在去除植入物後長出的神經組織「佈線」方面更具侵入性。

手術＃3：植入一整顆新牙。

在一項特殊安排中，他的妻子M能夠被護送到手術室，並且能夠在取出植入物時撫摸丹的腳踝。隨後，一名外科護士護送她離開。M現在擁有植入物。自一九四七年以來，丹是唯一一個向公眾坦誠自己接受了危及生命的重大手術的Majestic人士。[13]

由於在那次綁架事件中發生的事情，丹發現自己發生了微妙的變化。在接下來的幾年裡，他在生物學、顯微鏡學和科學領域發展出了驚人的能力。如此驚人，以至於他的母親安排丹接受當時的長灘紀念醫院（Long Beach Memorial Hospital）病理學主任的組織學和微生物學輔導。丹當時還是個孩子，但他在顯微鏡方面已變得非常熟練——最終被帶入洛杉磯顯微鏡學會，成為該學會有史以來最年輕的成員。

學會為丹提供了在黑行動工作的機會，這使他有機會在五十一區S4研究（或受培訓）「異國情調」（exotic）生物材料。S-4設施是五十一區中的一個特定區域，而五十一區又是內華達州內利斯空軍基地（Nellis AFB）內的一個區域。當時，丹並不知道他實際上是受到Majestic-12中最高級別成員之一的「指導」。由於丹在一九七〇年代初期的綁架事件，該成員對丹產生了深厚感情和聯繫。這位對丹產生特殊感情的人就是二〇〇七年一月被任命為美國國家情報總監的前MJ-1約翰·麥康奈爾（John Michael McConnell）。他們兩人的特殊感情對丹後來所遭遇的困境有大幫助，這是後話。

且說當在S4研究外來物種時，丹（當時稱為丹・克雷恩博士 Dr. Dan Crain，已完成博士學位）已了解到他一直在研究的組織實際上是外星人組織。

丹熟悉了一個名為「窺鏡」（Looking Glass，後文簡稱LG）的項目，該項目涉及一個反向工程的外星裝置，其最初設計的目的是為星門式旅行作為門戶打開機制。LG裝置被分成三個組件：一個投影組件、一個電磁環組件和一個用於星門設備和窺鏡設備的桶組件。它具有彎曲時間／空間的能力，以便可以查看未來與過去的發生事件。當它與第二個窺鏡設備配對時，不僅可以查看事件，還可以聽到事件聲音。早在二〇〇三年至二〇〇四年，該設備即已經接受通信協議和運輸應用測試，然後在太陽系進一步進入銀河平面內外的高能空間時，出於安全原因被拆除。

對於上文提到的「銀河平面內外的高能空間」略說明如下，這段說明是卡米洛計劃所增加（見馬西婭・麥克道威爾文章的 Footnotes 5）：

我們的太陽和它的太陽系，在圍繞銀河系中心的漫長而略微不均勻的軌道上，正在逐漸接近一個位置，在幾年內它將與銀河系本身的平面完全對稱。在撰寫本文時的二〇〇七年，它已經非常接近這個平面了。

許多消息來源指出，軍事和情報界都知道，以及通過渠道和其他訊息也能理解，當太陽系進入這個波段時，它將受到來自銀河系核心能量的嚴重影響，這將產生影響地球上超過兩萬五千年來從沒有經歷過的生態圈和地殼。這些影響已經被感受到，並將變得更加明顯。一些人爭辯說，這些正在導致目前太陽活動增加，從而導致太陽系中每個行星（不僅僅是地球）變暖，並且促成我們文明中前所未有的災難發生的危險。美國軍方花費數萬億美元建造一百多個深層地下基地的預防措施，在這些基地中，任何地表災難的發生都可讓相對較小且精心挑選的精英群體倖免於難。[14]

話回到正題，在 S-4 丹開始作為水瓶座 -J-Rod（Aquarius-J-Rod）團隊的一員，水瓶座計劃的目的是對 J-Rod 進行研究以及從中獲得訊息。團隊的任務是弄清楚為什麼 J-Rods（通常稱為灰人）患有一種使人衰弱的健康狀況，影響了他們的神經。這項工作的一部分涉及從位於 S-4 下方深處的「清潔球體」中的 J-Rod 獲取物理組織樣本，該「清潔球體」旨在滿足他的大氣和環境需求。

在文章往下進一步探討之前，有必要費點篇幅對 S-4 的 J-Rods 做些說明，這些說明是由卡米洛計劃提供（見馬西婭・麥克道威爾文章的 Footnotes 7）。說明的大意如下：

丹・布里施報告了與兩組 J-Rods 的廣泛接觸，這兩個種族都是未來人類，他們都即時回到了我們的世界。一組被 Majestic 稱為 P45s（現在＋45,000 年的縮寫），來自我們未來的四萬五千年。另一組稱為 P52s，來自我們未來的五萬兩千年。

根據條約，他們之間在七千年的時間裡無法彼此聯繫。丹知道的是 P-52s J-Rods 以及 P-45 J-Rods 這兩個群組，在 P-45 出現（在地球）的時候，他們不知道 P-52 獵戶座的存在，那麼這將意味著，當時 P-45 如果沒有看到 P-52s 獵戶座，他們甚至不知道自己還能活下去（原因與 P-52s 獵戶座是 P-45 的七千年後子孫有關？如果 P-52s 獵戶座不存在，P-45 將會對自己子孫的存在失掉信心）。

他們只是來到這裡和等待條約談判的結果，[15]而談判的目的與可能引起後來災難的窺鏡設備有關。

P45 也被 Majestic 稱為「流氓」，並且在他們的議程中是自私的。而 P52s 不是。P45 在不明飛行物學中通常被稱為「灰人」，該組織一直在進行大部分或全部綁架。根據丹的說法，P45 打算「證明他們的歷史是合理的」，並希望上文描述的災難（指太陽系非常接近銀河系本身的平面）發生，因為這發生在他們的歷史中，並且在將他們創建為一個種族的過程中起到了關鍵作用。丹在最近的卡米洛項目採訪中解釋說，綁架的目的是一項長期的縱向遺傳漂變研究，其目的僅僅是為了讓他們的物種受益。P52s 較無私，並且已經返回當前時間，其目的是試圖幫助我們當前的情況。

還有第三組，這些在幽浮和聯繫報告中被稱為「北歐人」（Majestic 稱他們為 P52 獵戶座），他們看起來更加人性化，並且是一個非常有靈性的種族。丹只在條約談判中遇到過這些人，並在最近接受卡米洛計劃採訪時表示，他欽佩他們，並希望能與他們共度更多時間。

理清了 S-4 內 J-Rods 的脈絡後，文章回到丹參加水瓶座 -J-Rod 工作團隊的情形。

丹很快就清楚，這些外星人與我們並沒有什麼不同。事實上，隨著通訊的改善，人們了解到他們不像時間／太空旅行者那樣成為地道的太空旅行者，他們使用格利澤星系（Gliese System）中的一顆小行星作為當地基地（距地球約十五光年），在那裡他們可以安排到這裡的旅行。他們使用窺鏡技術（可能更恰當地稱呼是星門技術）從人類未來穿越時空，這對他們來說是真實的，但對我們來說只是潛在可能。

通過讓丹成為後備團隊的一員，丹被引入了圍繞 J-Rod 的協議，而他的主管史蒂文（Steven M.）會適應新狀況並進行組織樣本移除。然而，J-Rod 開始拒絕史蒂文並要求允許丹穿上衣服並進入清潔球獲取組織樣本。

這在團隊結構中造成了一些直接問題，因為丹是最新成員，而且在時間或經驗上還不夠高級，無法承擔這樣的責任。但 J-Rod 堅持不懈。丹在團隊中迅速晉升，很快發現自己接受了進入清潔球並直接與 J-Rod 合作所需的協議的培訓。（丹在 DVD 中詳細介紹了這些步驟——從過程的一開始，進入機架，進入清潔球的協議，採樣方法，直接與外星人合作是什麼感覺，他們的交流，退出協議和匯報——他一步一步地進行，所以每個人都可以遵循。）

後來丹了解到，J-Rod 之所以堅持進行這種人員變動，是因為他想起自己是一九七〇年代初那天他乘坐的飛船上被綁架的孩子之一。這總是很難解釋，因為討論穿越時間和空間的運動是困難的。

似乎有一個複雜的、相互關聯的時間線糾纏在一起，試圖「解決」以上這種困難情況。正如完全證實丹證詞，且說丹講的是全部真相的亨利．迪肯（Henry Deacon）親自向卡米洛計劃解釋的那樣，時間線問題的本質是，如果一個人回到過去殺死自己的祖父——著名的「祖父悖論」，一個人不會在這個時間範圍內突然消失．相反，在祖父去世時創建的另一個平行時間線避免了這個悖論。可以有任意數量的這樣的平行時間線，未來時間線（由未來的生命回到過去進行改變而創造）

的存在僅作為我們的潛在可能性，而不是作為預先確定的固定現實存在。這在形而上學上很重要，因為選擇和自由意志在任何時候都得到保留。（見馬西婭·麥克道威爾文章的 Footnotes 9——由卡米洛計劃提供）

這個特殊的 J-Rod 在一九七〇年代初期的那天與一組 P45（一個 J-Rod 組起源於大約四萬五千年之後）一起旅行，他們正在進行綁架採樣。然後他回到一九五三年執行不同的任務，最終在亞利桑那州金曼附近發生墜機事故。他從墜機地點被找到並被帶到 S-4，安置在那裡。由於丹被綁架時是在飛船上，他感到與丹有很強的聯繫心結。

丹最終習慣了他的新角色，但有一次，當他直接與 J-Rod 合作時，協議出現了中斷，J-Rod 向丹邁出了一步。由於他們才開始合作不久，以至於讓丹感到震驚，丹後退（再次違反協議）並最終讓他的腳後跟落在地板爐排上並向後倒下。J-Rod 爬到他身上，坐在他的胸前，同時藉此機會與丹進行思想交流，分享了他的人民的大量歷史和他與丹的個人經歷。此際，J-Rod 告訴丹他的名字是 Chi'el'ah（讀作 Kee-ay-la）。

這完全是史無前例的，並引發了支持團隊的緊急反應。在讓其他人進入清潔球並營救丹的過程中，J-Rod 將大量訊息下載到丹的腦海中。丹最終被移走時已經失去知覺，並且（據作者馬西婭所知）昏迷了好幾天。他一直留在 S-4 的醫療設施中，直到他恢復到可以返回五十一區，然後再返回拉斯維加斯。馬西婭在這裡沒有描述的是，丹受到的幾次非常嚴重的毆打是否是為了逼他公布與

J-Rod 交流的信息。

從那時起，有許多嘗試讓丹與 Majestic 分享 J-Rod 在互動期間與他分享的內容，但都沒有成功，丹拒絕說太多。

丹從 J-Rod 收集了大約兩年的組織樣本，到一九九六年結束。Q-94 文件（史蒂文 M. 在他去世前洩露給了作者馬西婭）是丹和史蒂文所擁有的一份文件的早期草稿，那是一份寫給封面委員會的信，內容是關於他們對 King 系列組織樣本的工作。這很重要，原因有很多，包括他們對事情完成方式的罕見一瞥，以及如何在黑行動項目中編寫這些內容。

在接下來的幾年裡，丹在 Majestic 需要他的時候才與後者一起工作，並在拉斯維加斯維持了一份掩護工作（實際上有幾份——在安保和安全領域）。

一天，在 NSSDC（美國宇航局畫廊）中瀏覽火星圖像時，丹在火星表面發現了一個看起來像另一張臉的東西，它位於名為「印加城」（Inca City）的區域。在一九九七年和一九九八年期間，丹與馬西婭·麥克道威爾合作編寫了一本名為《違抗的老鷹：火星印加城的案例》（*Eagles Disobey: The Case for Inca City, Mars*）的書。[16] 事實上，他正在寫這本書，並在這個以前被忽視的火星區域發現了驚人數量的異常，這讓 Majestic 的許多人都坐起來注意了。

他們再次催促他交待 J-Rod 與他分享的內容，以及是否與他的發現有關。丹仍然拒絕告訴他們任何事情。然後美國宇航局宣布他們在火星隕石中發現了生命的證據，丹對其進行了審查並發現它與三十年前在澳大利亞的一位美國宇航局小組成員發現的一種小微生物可疑地相似，並立即對美國宇航局的聲明提出質疑。

隨著上書的工作越來越接近出版，情勢變得更加不穩定，威脅開始了。那是一段非常艱難的時期，因為丹和馬西婭都為自己和他們所愛的人感到害怕，但他們決定不顧風險向前推進。最後，多數委員會（Committee of the Majority）（曾一度取代 Majestic-12 的機構，大約在二〇〇二年結束）對丹拒絕停止其寫書工作感到非常沮喪，他們繼續要求丹停止他在這本書上的工作。

後來由於丹和馬西婭倆了解到，Majestic 害怕他們離收斂時間線悖論的學說有多麼接近（這些問題是由 J-Rods 使用他們的技術回到過去，從而造成重疊時間異常而造成）。丹當然拒絕了。該書於一九九八年底出版發行。委員會幾乎立即對丹採取行動，導致他的博士學位被取消。（這對他們來說並不是那麼困難，因為 Majestic 首先促成了他的博士學業交易，所以他們控制了「比賽場地」。）失去他的證書對丹造成了沉重打擊，以至於他心臟病發作並住院。

康復後，丹發現自己被 Majestic 和多數委員會嚴重趕「出局」。丹對此比以往任何時候都更加憤怒，他繼續在火星上尋找更多的異常現象，他與馬西婭又製作了兩本小型出版物（將用於重寫目前正在進行的 Eagles Disobey），它們展示了火星表面的驚人發現。

到一九九九年時，多數委員會決定對丹的行為做些處置。他們無法徹底「擺脫」他，因為他與 Majestic 的高層關係密切，並且與正在和 Majestic 和主要政府機構進行條約談判的 J-Rods 有著深厚的聯繫，而且由於他與 Majestic 家族聯姻，其家族關係可以追溯到一九四〇年代初期和羅斯威爾事件。

因此，Majestic 決定嘗試修改丹反抗他們權威的記憶（本質上是丹和馬西婭在火星問題上工作的整個時期，該期間並寫了這本書《Eagles Disobey：The Case for Inca City, Mars》）和把他及其家人搬到一個新的地方，有新的掩護工作和一個完全不同的環境。

為了促進這一點，丹被帶到北方，並接受了一個涉及實驗性神經肽的過程（馬西婭不知道所有細節）。之後，他被安置在密西西比州，在那裡他應該開始新的生活。多數委員會中沒有人預料到的是，丹的頭腦完全拒絕了條件反射，此後不久他開始體驗到記憶力的突破。

在這些不可預測結果的壓力下擔心他的健康（並且擔心可能毀了他們最好的科學家之一），Majestic 決定採取措施扭轉他們所做的事情。丹被收集並帶回安全設施，最終返回拉斯維加斯，在那裡重新建立家庭以等待他的回歸。謝天謝地，丹從這件事中恢復過來，回到了他在拉斯維加斯的正常生活，專注於他的研究和個人學習。

隨著時間的推移，丹開始深入研究伏尼契（Voynich）手稿和他的個人研究項目——蓮花（Lotus）協議。伏尼契手稿是一份神秘的、帶有插圖的長篇古代文獻。最早出現在中世紀，似乎是用密碼或用一種未知的語言編寫的，並且從未被完全破譯。丹還透過他與 Majestic 的關係參與了與灰人的 T-9 條約談判，在此期間，他有助於將條約授權的綁架數量減少到零。最近，他開始研究視唱法（Solfeggio）頻率。這已發展成為一本書的內容，受到了倫・霍洛維茨（Len Horowitz）博士和丹・溫特（Dan Winter）的密切關注。

二〇〇三年底發生了兩件事：馬西婭發現自己被 Majestic 接近並被錄取（這樣她就不再是他們的眼中釘）並提供了與丹直接合作的機會，以幫助他完成他們認為重要的某些計畫。（他們為什麼不直接殺了馬西婭？後來後者了解到，其父在早年到中年期間，作為 Majestic-12 在國家之間的信使，他在一九六〇年代初至中期深入參與了多數委員會的創建工作。）

另一件事是丹再次看到了在 S-4 成為朋友的 J-Rod。在一個完全令人震驚的舉動中，丹幫助 J-Rod 使用了一個在附近運行的星際時空門裝置，以便他可以回家。當時丹將運送 J-Rod 的嬰兒車推入星際時空門以便 Chi'el'ah 可以回到他未來的時間之家（意外地，丹自己也部分掉入了星門）的故事，在他對卡米洛計劃的採訪中生動地講述了。Majestic 人員再次對丹的這一行為非常不滿，但他們無能為力。

對於丹自己也部分掉入了星際時空門的描述，他說他被驅逐到幾碼外的一塊……是石灰岩或花崗岩或砂岩的地方，他不太確定。他所知道的是，當他降落在上面時質地感覺很硬，這位於防水油布的另一側……該區域是分開的，人類／ET 各在一側，用於在星際時空門周圍的實際舞台。這是一次軍事行動。我最終站在屏障的另一邊，就像拉起的窗簾，周圍的人（實際上是該地區的居民）看不到這一幕。他降落在那個硬石上面呻吟著，或者想知道他在哪裡，事實上，卻被持槍的人接近，他們對他非常不滿。[17]

後來，在二〇〇五年秋天，丹接到命令，要求他開誠佈公地談論他在 J-Rod 上的經歷以及他在五十一區／S-4 的時間，以及他在 Majestic 的歷史。這是 Majestic-12 做出的一個令人震驚的決定，一旦他接受了他們的命令，他們就休會，這給了丹大約一年的時間來完成這項任務。這些命令也發給了馬西婭（以促進丹完成這項任務）和其他人，以便在他完成命令時保護他。

丹和馬西婭最近有發布一張 DVD（其中丹詳細講述了他在五十一區、S-4 和他在 Majestic 的經歷）是為了完成這些命令而製作的。丹談到了關於收斂時間線悖論的學說，以及星際時空門窺鏡技術是如何影響我們所有人的問題。這不僅僅是一種新技術；在我們度過歷史上的這個關鍵時期時，這有可能造成無法彌補的傷害。

災難發生後（在 J-Rods 族群的時間軸上及其歷史中），J-Rods 分析了為什麼會發生這種情況。他們的結論是，幾乎可以肯定是人造星門和窺鏡裝置（與天然星門不同，天然星門沒有危險）的放大效應促成了這場災難。

P52 J-Rods 和 P52 獵戶座（即北歐人）的任務是即時返回，強烈建議我們在危險期過後（大約二〇〇五年至二〇一七年）停用以上這些設備，以提供良好的安全邊際。據丹說，這已經發生了。有關更多詳細訊息，請參閱他最近對卡米洛計劃的採訪。丹指出，根據窺鏡數據（設備拆除前獲得的最後數據），避免災難的機率為81％，對該計算的準確性有85％的置信度。

〔二〇〇八年一月更新〕丹於二〇〇七年十二月中旬完成了他的「假期」。雖然有一點雖未明確說明，但卡米洛計劃的人很清楚，新的 Majestic 小組「邀請他回來」，以協助一些關鍵工作。從他回來的這幾個月以來，他持續處理時間線問題的進展評估。關於他最近的活動，對於可透露和不可透露的方面受到很大的限制。

然而，他確實在十二月的博客中宣布，我們現在安全地離開了時間線二（在該時間線，災難發生在未來人類的歷史上），反之，現在則是位於「時間線一的第八十三號變體」上。（來自原文註15，由卡米洛計劃提供）

我們可能面臨巨大的災難，也可能面臨人類的復興，這取決於我們在接下來的幾年裡如何處理身體（在防止這項技術擴散方面）和精神層面。技術擴散的問題已經獲得「處理」，並繼續被許多大國的武裝力量悄悄地進行著，精神問題是我們每個人都可以提供幫助的。

在精神方面，我們鼓勵每個人都專注於團結，並為人類能成功渡過即將到來的危機進行冥想或祈禱。如果我們走錯路，我們就會證明 J-Rod 的歷史書是合理的，最終人類將因此而分裂，分裂為 J-Rods 和獵戶座的先驅（因此以這些群體的最終目的地命名）。丹的朋友，從我們未來大約五萬兩千年的時間裡回來的 J-Rod，他回到過去，不僅試圖為他的人民的疾病尋求幫助，而且與我們分享訊息，以便我們可以採取必要的步驟來改善我們的未來。

最重要的一點是：我們在任何時候都有自由意志和充分的選擇。我們將要發生的事情就是我們同意將發生的事情……有意識或無意識地發生。這是一個基本的形而上學真理。我們有能力選擇世界和我們文明的命運和福祉。為了選擇我們希望體驗的東西，需要大量的一致意見。如果我們不希望災難發生，那麼現在就從你有意識的意圖開始。（來自原文註16，由卡米洛計劃提供）

根據丹・布瑞施博士的證詞，有三個大族群的外星人（P-45s J-Rods、P-52s J-Rods及P-52s 獵戶座）正活躍於五十一區，他們都是未來人；此外，據亨利・迪肯的說詞，地球上尚有許多來自其他恆星系或不同維度的外星人。這些高智生物到達地球的方式各有不同，有些人透過星際時空門，有些人則透過航天器。而不管是星際時空門或航天器，它們都是太空計劃首應發展的重頭器。美國在二戰之後藉著納粹航天人材的幫助，迅速建立起自己的太空計劃。

## 註解

1. Release 29 - The "Yellow Book" and Universe Explained. (16 June 2008)
http://www.serpo.org/release29.php
2. Carlson, Gil. Blue Planet Project: The Encyclopedia of Alien Life Forms, Wicket Wolf Press, 2013, pp.17-18
3. UPDATE: Anonymous comments on the Red and Yellow Books, 9 August 2007.
http://www.serpo.org/anon_comment.php

4. Release 29，op. cit.

5. Carlson, Gil. The Yellow Book. Blue Planet Project Book #22, Kindle Edition, 2018, p.20

6. Carlson, Gil. The Yellow Book. Op. cit., p.21

7. Carlson, Gil. The Yellow Book. Op. cit., pp.21–25

8. Chris Stonor, The Revelations of Dr. Michael Wolf on The UFO Cover Up and ET Reality. October 2000.
https://www.bibliotecapleyades.net/sociopolitica/esp_sociopol_mj12_4_1.htm

9. Release 29，op. cit.

10. Carlson, Gil. The Yellow Book. Op. cit., pp.4-5

11. Carlson, Gil. The Yellow Book. Op. cit., pp.13-15

12. Marci McDowell. Dr. Dan B Catselas Burisch - A short biography.
https://projectcamelot.org/dan_burisch_summary.html

13. Rev. Dr. Dan Crain formerly DR. DAN B CATSELAS BURISCH who held the esteemed position of MJ1 UNDERWENT SURGERY to have IMPLANT removed – IMPLANT ADDED TO HIM IN 1973 ABDUCTION FROM MAE BOYAR PARK LAKEWOOD, CA January 26, 2015
https://chemtrailsaroundtheworld.wordpress.com/2015/01/26/rev-dr-dan-crain-formerly-dr-dan-

b-catselas-burisch-who-held-the-esteemed-position-of-mj1-underwent-surgery-to-have-implant-removed-implant-added-to-him-in-1973-abduction-from-mae-boyar-p/

14. Underground Bases and Tunnels.
https://projectcamelot.org/underground_bases.html

15. Dan Burisch: Stargate Secrets – Part 2 Interview transcript. Las Vegas, June 2007 Shot, edited and directed by Kerry Lynn Cassidy
https://projectcamelot.org/lang/en/dan_burisch_stargate_secrets_interview_transcript_2_en.html

16. Eagles Disobey: The Case for Inca City, Mars.
By B. J. Wolf, Dan B. Catselas Burisch, Albert Howell, Robert Charles. 1998, Candlelight Pub.

17. Stargate Secrets – Part 2 Interview transcript– A video interview with Dan Burisch, Las Vegas, June 2007. Shot, edited and directed by Kerry Lynn Cassidy
https://projectcamelot.org/lang/en/dan_burisch_stargate_secrets_interview_transcript_2_en.html

# 第④章 駭客入侵揭穿美國不為人知的航太秘密計劃

二戰後美國陸軍和海軍立即啟動了「回形針行動」（Operation Paperclip）計劃，這將一五〇〇多名直接了解納粹先進武器計劃的德國科學家和發明家轉移到美國，其中德國火箭技術發展的領軍人物沃納・馮・布勞恩（Wermher von Braun, 1912-1977）及一些人被送到德州布利斯堡（Fort Bliss），幫助美國科學家了解擄獲的 V-2 導彈，並協助開發彈道導彈技術，這個擄獲的納粹技術成為一九六〇年代初 NASA 太空計劃的基礎。此外，預測了舒曼共振的著名物理學者溫弗里德・奧托・舒曼（Winfried Otto Schumann, 1888-1974）及另一些人則被帶到俄亥俄州的代頓（Dayton），在那裡美國陸軍航空兵（一九四七年九月改名為美國空軍）正在研究捕獲的包括維爾（Vril）和納粹兩種飛碟的航天航空技術，以及更先進的納粹雪茄形航天器的設計藍圖。（照片 4-1 是藝術家描繪的美國秘密太空計劃雪茄形母艦圖像）

代頓這地方也是一九四七年七月羅斯威爾墜毀飛船遺骸後來被轉送的同一地點，托馬斯・凱里（Thomas J. Carey）及唐納德・施密特（Donald R. Schmitt）於二〇一三年合著的《真實的51區：萊特・帕特森的秘密歷史》（*Inside the Real Area 51：The Secret History of Wright Patterson*）一書，詳細介紹了代頓設施被美國空軍及其前身的美國陸軍航空兵用來研究及逆向工程，包括外星飛船在內的所有外來技術的歷史。

二〇〇二年三月十九日及同年八月八日英國駭客加里・麥金農（Gary McKinnon）因涉嫌在二〇〇一年二月至二〇〇二年三月的十三個月期間入侵數十台NASA與五角大樓的大型電腦而遭英國警方兩次約談，二〇〇二年十一月遭聯邦大陪審團檢控。麥金農說，他駭入電腦的目的只是為了尋找幽浮，但結果卻發現美國政府各機構，秘密持有的外星飛船照片、影片和其他證據。詳細的案情如下：

總部在科羅拉多州科羅拉多・斯普林斯（Colorado Springs）彼得森空軍基地（Peterson AFB）的美國太空司令部（The U.S. Space Command），其數據庫在二〇〇二年遭到英國公民加里・麥金農的入侵，後者

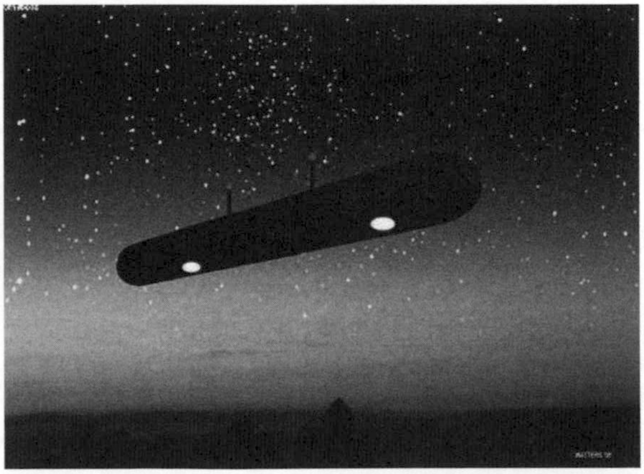

**照片（4-1）　藝術家描繪的美國秘密太空計劃雪茄形母艦圖像**
**https://i1.wp.com/exopolitics.org/wp-content/uploads/2015/04/ufo-cigar-shaped- craft.jpg?ssl=1**

在數據庫中發現了「非地面人員」，以及詳細介紹「艦隊向艦隊轉移」的清單。值得注意的是，清單中列出的船隻（航天器）名稱與任何美國海軍的船隻名稱都不對應。麥金農還表示，記錄顯示，飛離地球的航天飛機可以容納三百人。這樣的發現如果對照羅納德·雷根總統於一九八五年六月十一日星期二的日誌條目中所載就毫不奇怪。當時他在日記中寫道：

「我與五位頂級太空科學家共進午餐，這令人著迷。太空確實是最後的疆界，而天文學等某方面的發展卻像科幻小說，只是它們是真實的。我了解到，我們的航天飛機運載能力足以使三百人入軌，可以打賭這是使用了反重力技術。」[1]

以上的日誌條目最初是由國家檔案局（National Archive Records Administration）於二〇〇九年四月十三日發佈，它包含在近二十五萬頁的文件中，其中總統日記中的一則好奇評論（見以上一段話）引起人們的深刻印象。日記中雷根是否透露美國存在著高度機密的太空計劃，該計劃可以一次承載三百名太空宇航員？

一九八七年九月二十一日雷根在四十二屆聯大的演講詞中，首次提出了外星人威脅的問題（見《傳奇（首部）》§2.3）。其實雷根這個說法並不唐突，早在一九八五年十一月十九～二十日的美蘇日內瓦高峰會上，他早已就此問題與當時的蘇共總書記米哈伊爾·戈爾巴喬夫（Mikhail Gorbachev）作了溝通，因此才出現一九八七年二月十六日在莫斯科大克里姆林宮（Grand Kremlin Palace）召開的「人類生存」（Survival of Humanity）會議上，後者說：「美國總統在日內瓦舉行的會議上說，如果地球面臨外星人的入侵，美國和蘇聯將聯合起來擊退這種入侵。我不會質疑這種假設，儘管我認為現在擔心這種入侵還為時過早。」[2]

根據以上的各種陳述，今天的美國太空計劃不過是一個為公共關係目的而存在的掩護行動，並且他們實際技術的真相遠遠超出公眾的認知。可以想像地，美國的許多太空技術及後來的太空計劃是來自對外星飛行器的回收與逆向工程。

根據據稱的GRUDGE／藍皮書報告第十三章的訊息，文件表明許多外星飛行器已被回收。早期的來自羅斯威爾（Roswell）、阿茲特克（Aztec）、德克薩斯、墨西哥及其他地方等。

藍皮書第十三章在一九八九年證實，愛德華茲空軍基地（Edwards AFB）的機庫中存在外星人飛行器。機庫位於基地的北端，它並非由愛德華茲基地的人員看守，他們是國家偵察局——三角洲（NRO-DELTA）人員。守衛佩戴紅色徽章，徽章正面帶有黑色三角形。沒有佩戴這枚徽章，任何人都不得靠近機庫。

國家偵察局——三角洲人員目前不再守衛機庫，警衛工作已交由愛德華茲安全部隊負責，安全部隊並被指示每小時檢查機庫，及向國家偵察局報告狀態。此外，他們被指示永遠不要進入機庫，即使機庫已遭外人闖入。機庫仍然上鎖，未經國家偵察局／三角洲當局的特別授權，任何人不得進入。我們還在愛德華茲空軍基地的另一個特殊機庫中確認了外星人材料的存在。（按：一些人聲稱曾在外星飛行器和外星旗幟上看到被稱為三邊標誌（TRIADE）的徽章，這說明外星人可能已經組

建了自己的機隊）[3]

## 4.1 道西戰役軍官與外星猛龍族的親密接觸

二〇一三年十一月二日卡米洛計劃（Project Camelot，見第一章註解3）的凱瑞・卡西迪（Kerry Cassidy）在瓦卡維爾監獄（Vacaville Prison）對馬克・理查茲上尉（Captain Mark Richards）進行兩小時採訪。隔年（二〇一四）八月二日卡西迪在相同監獄再對理查茲上尉進行四小時採訪，這兩次採訪均在理查茲上尉的妻子喬・安・理查茲（Jo Ann Richards）的陪同下展開，這是理查茲上尉被監禁三十多年以來，第一次有記者採訪他（採訪時他的年齡已六十歲，三十一年前他被以「謀殺」罪名遭逮捕，判終生監禁，不準假釋），平時除了妻子喬安外，鮮有其他家人來看望他。

卡西迪不被允許用相機或任何錄音設備記錄該次面對面的採訪，監獄當局也不允許卡西迪在採訪過程中做筆記。所有的一切採訪資訊都是在卡西迪與馬克・理查茲會面後立即從記憶中回憶並速記下來的（第二次採訪是基於監獄現場手寫筆記的回憶），而這些資訊中（特別是第二次採訪）包含了許多與秘密太空計劃相關的訊息，例如馬克曾透露，貝泰公司（Bechtels）在幕後運行秘密太空計劃的一部分。[4]

海軍上尉馬克・理查茲是一名參與道西戰役（Dulce Battle）的軍官，在被捕並被判犯有謀殺罪之前，他曾在秘密太空計劃和美國太空司令部工作多年，事實上，不僅馬克本人，連其父（aka荷蘭人，Dutchman，已於一九九七年二月去世）都在秘密太空計劃中，據說其父曾在一九五四年以軍方情報員身份隨同艾森豪威爾總統，參與穆洛克機場（Muroc Field）的外星人會議。馬克駕駛過各種飛行器，其中包括曾擔任一艘獵戶座飛船（Orion Ship）的船長。他駕駛的實驗飛船後來成為秘密太空計劃的一部分。他說星際迷航（Star Trek）版本存在失真，人們傾向於相信太多。然而，他也確實稱自己為柯克船長（Captain Kirk）的角色。也就是說馬克的工作本質上與柯克船長的工作相同，都是領導太空艦隊。

「獵戶座飛船」顯然是一艘外星飛船，為何由馬克駕駛？根據訪談訊息，這些來自獵戶座系統的飛船是由北歐人建造，已出售給人類。或是屬於人類並由人類建造的太空船也稱為「獵戶座飛船」，它們是深空艦隊的主力。有十五艘建於一九五〇年代的獵戶座飛船，從那時起它們曾經升級過（upgraded），馬克是其中一艘獵戶座飛船的船長。除了獵戶座飛船，美國有一個與外星人的交流計劃，其目的是在於了解太空旅行和導航，並且驗證美國有能力從遠處識別飛入太陽系的飛行器究竟是誰在飛行和飛行器類型等。[5]

馬克坐終生牢是一個典型的案例，當局誣陷一些他們認為可能會從軍隊內部反對他們的人。看樣子，馬克是被允許逐步公開這些訊息的，而卡西迪則是第一個以卡米洛計劃的官方身份去採訪他的人，目的是向公眾發布。過去顯然有一些訪客是朋友，他們與馬克和其妻子喬安是朋友。

每次喬安離開自己的房子時，她的房子都會被外人闖入，軍事當局試圖掩蓋他們的蹤跡，但他們做得並不好。所以她知道他們總是在檢查她的東西。她最近去英格蘭演講時，有一個從頭到腳穿著黑衣的男人站在會場，他拿著相機的樣子看起來很不合時宜，基本上他是在進行監視工作。

馬克說他的血統出自英格蘭的斯圖爾特（Stewart）家族，但他也來自該家族的蘇格蘭分支，而且他的血統中有一個非常強大的德國血統，它與哈布斯堡家族（the Hapsburgs）有關，原因是他的一位親戚與一位哈布斯堡公主有關連。

馬克與俄羅斯婦女有聯繫，有個人交情，還有他同一位法國情報部門的負責人（顯然是一名女性）也有聯繫。而由於那些聯繫或聯盟，他作為軍官常定期向俄法聯繫人提供一些訊息和報告，他說這使他在美國的軍隊中構成威脅，以至於當局擔心他會成為告密者。這就是為什麼當局安排陷害他。此外，他直言不諱地反對他被要求參與的一些議程，這使他變得更成問題。

另據馬克的妻子喬安說，她的丈夫在一九八二年的駭人聽聞的謀殺案中因策劃計劃而被定罪是無辜的，他是被中央情報局利用。她聲稱他之前秘密參與了幾個外星種族的秘密太空計劃，但當他正準備對所有事情吹哨時（包括揭露外星人是真實存在的事實），他被所謂的黑衣人陷害。他被判犯有謀殺理查德．鮑德溫（Richard Baldwin）的罪名。

馬克被陷害了。謀殺實際上發生在他甚至不在的時候。他正在執行一項任務，剛回來和他母親一起吃飯，也許就在那個時間點，事情發生了。但是，出於所有意圖和目的，他無法為自己辯護，因為在陰謀計劃以及他被指控的所有其他事情進行的時候，他正在執行任務。要命的是他不能在這種刑事指控的程序中，使用其秘密任務作為辯護，因為這會違反安全誓言，此外，也沒有人會相信他。

馬克說他被允許和代表卡米洛計劃的卡西迪說話的原因之一是，當局知道他是被定罪的重罪囚犯，沒有人會相信他，即使這是過去三十年來捏造的。所以這是當局以一種手段向公眾提供訊息的方式。但另一方面，他們很容易即可進行合理的否認，因為他所說的所有事情，人們不會相信消息來源，更不會相信他，原因是他因謀殺罪入獄。所以當局以這種方式感到安全，但同時他們想散播訊息，正如他所說，電影和電視也被用於這個目的，他們試圖在某種程度上喚醒人類。雖然，他們對某些事情仍然保密。

他談到了為什麼要保密，以及包括人類在內的所有種族都完全同意保密必須繼續的原因，因為人類還沒有準備好應對 ET 存在的現實。這與各種 ET 種族的外觀無關；我們是可以處理它們的樣子。我們無法處理的是它們的行為模式，換句話說就是它們想吃掉我們。有許多種族基本上想拿我們當做晚飯，所以出去和這些種族打交道，並知道他們隨時想吃掉你的心態是人類無法面對的。[6]

馬克說有些事情他不能告訴卡西迪，絕對與他是否會被殺以及他的家人是否會被殺有關。所以卡西迪認為他有一組精選的、可以回答的訊息，但也有一組非常精選的，他無法承認他知道或談論的訊息。

馬克似乎與猛龍族（raptors）有很多來往，他在猛龍族中擁有特定的朋友。他談到猛龍族能夠說英語或他們想要的任何語言，但他們的聲帶必須稍微改變，以便他們可以像我們一樣使用聲音進行交流，然後他們可以使用我們的語言同我們進行交流。馬克進一步發表驚人說法，他說投資ET電影賺的錢最多，而這些錢都用於黑項目。好萊塢有一份書面記錄可以證明這一點，但這是不公開的。喬治．盧卡斯（George Lucas）和詹姆斯．卡梅隆（James Cameron）非常了解地球上正在發生的事情，並且知道猛龍族正在投資他們的電影，其動機是出於公關目的，改善人類與猛龍族的關係。[7]

最後，馬克說曾有猛龍邀請他去其他星球，但他不想離開朋友和家人。他說，是的，他們可以隨時讓他出獄……。如果他出獄了，他將不得不離開（指到其他星球），因為他會被敵人（爬蟲人和一些人類）追捕。他確實有人保護，也很能保護自己。[8]

## 4.2 太空警察——「太陽能守望者」實現「星際訪客」技術，發展八十五艘小型圓盤形偵察艦、十艘細長三角形母艦及中等長度的三角翼飛船

美國與蘇聯在八〇年代中旬之前，其實早就有太空合作的事實，英國駭客麥金農駭進NASA及五角大樓九十七部電腦的案例，為早期的美蘇太空合作提供了一個有力註腳，他發現這些機構秘密持有的影片、照片和其他有關外太空飛船的證據。麥金農首先侵入了美國宇航局的約翰遜航天中心（Johnson Space Center），他在北半球上空發現一個大雪茄狀物體的高清照片。二〇〇二年他駭入已併入戰略司令部的美國太空司令部機密文檔，在「非地面官員」（Non-Terrestrial Officers）的

標題下，麥金農說他發現的是「艦隊到艦隊之間的轉移」（fleet-to-fleet transfers）清單和船員名單。他說仔細看後，他意識到他們不是美國海軍艦船。他所看到的一切使他相信，NASA 正在為外太空機隊保密。他還說記錄顯示，外太空的航天飛機可以容納三百人。[9]

布希政府指責麥金農嚴重侵害了美國國家安全，一旦控罪成立，後者可能面臨七十年的監禁。美國政府試圖將他引渡到美國進行審判，但沒有成功。有人認為美國政府因擔心審判將會洩漏更多的美國秘密太空計劃細節，故沒有太過努力地引渡麥金農及審判他。經歷了麥金農事件之後，人們開始談論許多美國人不知道的計劃，其中就包含了大部分是由美國軍隊負責（這是根據馬克・理查茲受訪時的證詞）的秘密太空計劃「太陽能守望者」（Solar Warden），[10]俄英法等國也共同參與其中（據馬克・理查茲受訪時的證詞）。[11]據推測該計劃在一九八〇年代就已存在，而且計劃的運作是在約翰遜航天中心之外進行的，該計劃獲得聯合國授權，而在美國政府領導下運作。

涉及「太陽能守望者」的聯合國機構是聯合國外層空間事務廳（United Nations Office for Outer Space Affairs, UNOOSA）。先是聯合國和平利用外層空間委員會於一九六八年改組為聯合國安理會外層空間事務司，一九九三年此事務司再改組為 UNOOSA。「太陽能守望者」則是《星際聯盟》（宇宙中先進智能文明的外星組織）和聯合國簽署的秘密外星條約協議的一部份，美國由於其先進的技術，被《星際聯盟》指定為：為地球提供太空安全方面居領導地位。[12]

據說，「太陽能守望者」是由美國航空航天「黑計劃」的承包商組成，但加拿大、英國、意大利、奧地利、俄羅斯和澳大利亞等國也提供了一些零件系統。又據傳，該計劃是在猶他州西部沙漠、五十一區和其他地點的秘密軍事基地進行測試和運行的。新的幽浮目擊事件雖變得越來越少有外星人涉及，但世界各地的許多人正在目睹完全克服重力的天空及在外太空中移動的飛船。一些調查表明，美國地區被發現的一系列目擊幽浮很可能是太陽能守望者計劃的一部份。現在的問題是：如果太陽能守望者是真實存在，那麼它的作用是什麼？為什麼我們需要一支星際太空艦隊？

這些問題的答案之一是：就像納粹，長期以來人們一直假設二戰及之前它不間斷地測試其飛碟技術，這不僅有助於提高其軍事優勢，而且也可以在戰爭失利時用於逃離地球。但在美國，情形有些不同。首先，和平時期的人類為何要逃離地球？除了因某種不可抗的自然因素，讓地球變得不適合居住外，另一個不得不離開地球的原因可能與外星人有關。外星人可能會警惕那些正在迅速擴張的文明，因為隨著人類的成長，這些文明會破壞其他生命，在極端情況下外星人可能會選擇摧毀人類以保護其他文明，處此情勢，人類不得不逃離地球。[13]

洛克希德臭鼬工程總監賓．里奇（Ben Rich）在臨終前供認，美國軍方現在可以前往星空旅行了；又說，外星訪客是真實的（見《傳奇（首部）》§8.1）。這是否間接承認美國秘密太空計劃的存在？該秘密計劃存在的另一個跡象是美國宇航局（NASA）為感謝美國太空司令部對它的協助，二〇〇七年八月六日它授予後者「人類飛行太空支援隊」的獎項。獎項的引詞說：「…突出了該團隊在確保航天飛機、國際空間站及其機組人員免受軌道碎片、航天器碰撞和其他軌道運行等固有危險的危害方面所提供的出色支持。」美國太空司令部如何能夠清除這些軌道碎片？除非他們擁有自己的帶有武器，或其他能夠銷毀或清除碎片裝置之航天器，這是美國太空司令部擁有秘密太空飛船的另一線索。[14]

除了檯面上的美國太空司令部，另一個代碼為「太陽能守望者」的秘密太空司令部自八〇年代末期就已經存在了。據理查德・博伊蘭（Richard Boylan）博士宣稱，自一九八八年以來美國就與其他國家一起創建了一支秘密的跨國太空艦隊——太陽能守望者。該艦隊運用的反重力技術採用了「星際訪客」技術，現在已經發展到八十五艘小型圓盤形偵察艦和十艘細長三角形母艦（每艘邊長大於三個足球場）；除此，也有其他中等長度的三角翼飛船。[15]

太陽能守望者太空艦隊是由海軍信息戰系統司令部（Naval Information Warfare System Command, 簡稱 NAVWAR）及其管轄的子部門，總部在維吉尼亞州達爾格倫（Dahlgren）的美國海軍網路和太空作戰司令部（Naval Network and Space Operations Command, 簡稱 NNSOC）共同負責。二〇〇二年新成立的 NNSOC 是通過合併海軍太空司令部和海軍網路作戰司令部組建而成，它將執行艦載網路、海軍衛星通信系統和海外通信網路以及海軍陸戰隊內部網路中海軍部份的營運監督。[16] 據博伊蘭博士，NNSOC 的太空艦隊與由外星人組成的星際聯盟（Star Nations）共同負責巡邏我們的太陽系，並維護太陽系的安全與和平。[17]

秘密太空計劃局內人馬克・理查茲上尉在受訪時說，太陽能守望者駐守在這個內行星圈內，它是我們太陽系的一部分。這是一群守護者，他們四處監視傳入和傳出的飛行器和種族。[18]

太空艦隊的總部設在加州聖地牙哥洛馬岬海軍基地（Naval Base Point Loma），它利用加州隆波克（Lompoc）的范登堡空軍基地（Vandenberg AFB）和加州中國湖（China Lake）的B系列海軍航空武器站的起降設施。[19]

「太陽能守望者」這一名稱的公開引用發生在二〇〇六年三月十三日。據當時流行的互聯網論壇——《開放思想論壇》（Open Minds Forum）的管理者稱，可靠的消息來源顯示了它的存在和能力。另一個描述「太陽能守望者」的消息來源是來自使用化名「亨利・迪肯」（Henry Deacon）的舉報人，他聲稱他曾在勞倫斯・利弗莫爾實驗室擔任物理學家，並說他秘密進行的工作比在公共領域的期刊上發表的主流物理學文章要提早幾十年，有些計劃處理的主題超出了許多公共領域物理學家的信念或經驗，更超出了他們的想像。迪肯的真實身份後來於二〇〇九年在西班牙巴塞隆納（Barcelona）舉行的地外政治會議（Exopolitics Conference）上暴露出來，其真名是亞瑟・紐曼（Arthur Neumann）。[20]

邁克爾・沃爾夫博士在接受理查德・博伊蘭博士採訪時說：「除了火星車，美國在火星上也有『東西』」。[21] 二〇〇七年卡米洛計劃（Project Camelot）的凱里・卡西迪（Kerry Cassidy）和比爾・瑞安（Bill Ryan）採訪了別名亨利・迪肯的亞瑟・紐曼，後者報告了火星上有一個大型載人基地，該基地的供應是通過代號「太陽能守望者」的太空艦隊提供。迪肯說：運輸有兩種方式，人員和小尺寸物品使用星際時空門；較大型的貨物使用航天器，替代艦隊被稱為「太陽能守望者」。[22]

如果太陽能守望者使用反重力推進系統成功建立了火星殖民地，那麼這也許可以解釋為什麼反重力研究在一九五〇年代變得如此高度機密。這也可以解釋成功複製反重力技術的平民研究員（如一九六一年的奧蒂斯·卡爾（Otis Carr）會遭到殘酷鎮壓。顯然，一個殘酷的現實是，高度隔離的軍事計劃阻止了先進的反重力技術進入公共領域以供商業應用。

除了迪肯報料外，NASA前僱員，一九八九～一九九二年期間擔任航天飛機（space shuttle）操作員的克拉克·麥克法蘭，於二〇〇八年七月二十九日在個人網站的聲明中表示，他在執行其業務時在其視頻監視器上目睹了一個八呎到九呎高的外星人，以及附近似乎存在有一艘三角翼反重力飛行器。自從麥克法蘭認識NASA航天飛機計劃中所有宇航員以來，他就認為穿著太空服且非常高個頭的那個人是外星人。至於附近的三角翼飛行器有可能隸屬於美國戰略司令部的機密機隊。[23]筆者猜測這名外星人可能是太陽能守望者顧問，他乘坐的航天器應是太陽能守望者船隻。

英國研究人員達倫·佩克斯（Darren Perks）在二〇一二年九月《赫芬頓郵報》（*Huffington Post*）上發表的一篇文章提到，針對「太陽能守望者」計劃是否存在，他向美國國防部提了《信息自由法》要求，後來收到一位未透露姓名的國防部官員的答覆。他說，這名官員不僅承認太陽能守望者的存在，而且也證實它在NASA的控制之下，但可惜的是，佩克斯沒能提供發送給他的電子郵件來確認其敘述。[24]

太陽能守望者艦隊的存在並不意味著所有或甚至大多數目擊幽浮都是人類反重力飛行器，實際上反重力飛行器的大多數目擊都是外星飛行器，這原因是太陽能守望者只不過是秘密太空計劃之一，其他的秘密太空計劃（特別是星際企業集團ＩＣＣ）則多由外星人主導。NAVWAR的太陽能守望者機隊在地球和太空中大約有三七七名人員，它與國家安全局（NSA）的秘密行動部合作，以保護近太空和地面的星際訪客。太陽能守望者太空艦隊的船隻由海軍太空幹部和海軍陸戰隊太空幹部的人員聯合組成，他們獲得加州蒙特婁（Monterey）的海軍研究生院「太空系統營運」（Space Systems Operations）的科學碩士學位，並接受6206-P太空作戰專業的培訓。太空幹部軍官在NASA接受太空作戰培訓，畢業並乘坐飛船進行太空飛行後，被授予海軍（或海軍陸戰隊）宇航員或海軍（或海軍陸戰隊）飛行軍官的徽章。其他海軍或海軍陸戰隊的成員團也為太陽能守望者計劃提供男女軍官。[25]

太陽能守望者計劃的太空安全任務有二：

其一是防止流氓國家或恐怖組織利用近太空對其他國家發動戰爭，或從太空攻擊地球。另一是防止流氓性全球精英控制的陰謀集團（Cabal）[26]利用其軌道武器系統（包括核導彈和定向能電磁武器）恐嚇或攻擊地球上的任何人或任何組織。總之，太陽能守望者的任務就是維持太陽系的和平。由於太空艦隊的職責是在我們的太陽系內擔任太空警察，因此該計劃被命名為「太陽能守望者」。

該計劃雖在聯合國安理會秘密決議授予的權限下運作，但美國部份的機密性卻很高，以致於當英國人加里．麥金農於二〇〇一年至二〇〇二年間駭入美國太空司令部電腦並得知秘密太空計劃的資訊時，立即受到美國司法部的重罪指控。也許有人認為，太陽能守望者只是一種傳聞，但眾議院武裝部隊委員會在二〇〇四年七月二十二日舉行的「太空幹部計劃和太空專業人員」聽證會上卻進一步確認了該計劃。[27]

古德在受訪時透露，截至二〇〇五年時美國秘密太空計劃至少包括八艘雪茄形母艦及四十三艘太空飛機。[28]此種雪茄形航母級飛船完全屬於太陽能守望者計劃，其大部份機隊是在一九八〇年代和一九九〇年代生產的，之後並不斷升級，而其他「秘密太空計劃」（SSP）則具有更多現代化設計的飛船。古德說，其中一些飛船的長度在一哩之內，他曾短暫地乘坐過其中一艘飛船，但沒有利用它們旅行過。又說，他被分配到一艘三層船殼的較小尺寸研究船。[29]這些雪茄形運輸機以及其他各種尺寸和分類的飛船是由飛行員通過神經系統的接口控制，飛行員未見過任何由電傳操縱桿，或油門操縱桿和油門操縱裝置操縱的飛行器，畢竟手眼協調無法因應極端的速度和方向變化。[30]

二〇一五年出版的《內部人士揭露秘密太空計劃和外星人聯盟》一書介紹了一些舉報者，這些人對他們曾直接服務或被介紹過的秘密太空計劃提出了非凡的主張。特別是，這本書調查了科里．古德（Corey Goode）關於他直接參與及或得到介紹的五個秘密太空計劃的非凡主張。

古德聲稱他所乘坐的研究船，其乘員中有一些德國和中國科學家，[31]軍事和安全人員則是從其他航母級飛船上分配過來的，這再次表明那些乘員大部份是美國人，還有一些是加拿大、英國和澳大利亞人。最初太陽能守望者確實是一項沉重的海軍計劃，但後來空軍介入了。儘管大多數軍銜和檔案都來自 MILAB 徵兵系統，但指揮官卻是職業軍人。[32]因此太陽能守望者的指揮官具有常規的軍事思惟方式，其最終效忠的對象是一個經全國人民由合法程序選舉出來，忠實支持及執行憲政條款的政府。因此他們在任何時候都會支持和捍衛美國憲法及抵禦美國國內外所有準備摧毀美國憲法的敵人。為了在「威嚴十二行動」（Operation Majestic Twelve，簡稱 MJ-12）計劃下進行對納粹和外星計劃的逆向工程，杜魯門總統在一九四七年九月二十四日的備忘錄中授權 MJ-12 小組控制外星問題，並要求他們直接向總統報告。

美國軍方逆向外星飛船的事容易理解，因前者與外星人的技術水平有相當大差距，但對納粹飛船美國軍方為何也有興趣進行逆向工程，這是因為兩者的技術也有大差距，只不過差距小於與外星人的水平而已。原來美國軍方在二戰期間及之後與德國人的數次交手中已見證了後者在反重力技術的驚人發展，第一次發生在一九四二年二月二十四日晚上至二十五日的清晨，這一次不尋常的幽浮事件驚醒了加州洛衫磯的居民，當時數艘不明身份的未知飛行器悄然無聲地在長灘（Long Beach）上空以非常緩慢的速度飛掠而過，而長灘港的美國陸軍和海軍艦艇則向這些神秘物體發射高射炮彈。人們擔心它們是日本人的飛機，正將發動另一起類似珍珠港般的襲擊，當時有成千上萬的市民都同時目睹了不明飛行物，當時才十七歲的威廉．湯普金斯（William Tompkins）也是其中之一。

湯普金斯聲稱他從機密的海軍消息來源（他當時是海軍情報局的「資產」）得知，兩艘碟形飛船被擊落，墜毀的飛碟分別由海軍和陸軍回收，事後發現它們是無人駕駛的全自動無人機。[33]此外，一份其真實性仍有爭議的官方文件也證實與湯普金斯相同的說法，該文件據稱是一九四二年三月五日陸軍參謀長喬治・馬歇爾（George Marshall）致羅斯福總統的最高機密備忘錄。而在三月五日之前馬歇爾已獲悉該兩架幽浮擁有極先進的推進技術。[34]美國軍方擔心，這些幽浮若非外星飛船，就是軸心國（即德國與意大利等國）製造的飛船。

秘密太空計劃局內人馬克・理查茲上尉談到了外星／外來飛船的墜毀回收。他定期參與事故回收。他說，美國仍在世界各地向某些政府（如南非和許多發生事故的非洲國家）付款。美國軍事或秘密太空計劃嘗試成為第一個到達現場的人，他們的工作就是不惜一切代價獲得該技術。他們會殺死當地人，或者他們為了獲得該技術而必須做的任何事情。所以這就是他們的使命。這就是他們被告知要做的事情，他是其中一些任務的一部分。[35]

美國軍方與幽浮在一九四二年的第一次交手並未能確定後者是納粹德國所擁有，但想像上它們應是來自納粹德國，原因是外星飛船航速應更快，不致遭高射炮火擊中，且外星飛船過去並無大批入侵地球的記錄。美國軍方與德國飛碟的第二次交手發生在一九四四年的德國施韋因富特（Schweinfurt）的上空，此役英美轟炸機折損約一五〇架，以慘敗收場。第三次交手發生在一九四六～一九四七年的南極地區，這一次美國也是以慘敗告終。美國軍方與疑似納粹幽浮的第四次交手發生在一九五二年七月十二日的華盛頓特區上空，美國宇航局（NASA）前航天員克拉克・

麥克萊蘭（Clark McClelland）與回紋針行動（Operation Paperclip）的德國科學家交談時，後者告訴他：

「那些在華盛頓特區上空高速飛行的超先進碟狀飛行器，完全超越了美國飛行器。一九五二年七月十二日杜魯門總統觀察了上空中飛行的幾艘幽浮，認為其能力超越了美國空軍和海軍的先進噴氣戰鬥機 F-4D。美國噴氣式飛機被派遣升空攔截，但沒有一架能比得上德國飛行器的速度。」[36]

從上面敘述可理解，四〇～五〇年代美國戰機與納粹碟狀飛行器的技術水平存有巨大差距，更無論與外星科技相比，這可解釋為何美國軍方將逆向工程納粹與外星飛船之舉視為第一等大事來辦，且專程設立 MJ-12 小組來負責此等大事，並保證其中機密滴水不漏。然而隨著時間的過去，MJ-12 小組漸漸變得難以控制，他們違抗艾森豪威爾總統的命令，並在甘迺迪總統要求接觸機密的幽浮文件而導致暗殺的事件中扮演直接角色。如果 MJ-12 小組最終要控制和營運美國秘密太空計劃（SSP），它必須找到一種能令美國海軍及來自美國與其他國家聯合軍事組織邊緣化的方法。這種方法就是利用公司創建另一個秘密太空計劃，這種做法將更適合 MJ-12 小組的要求。[37] 因此，美國秘密太空計劃除了包括「太陽能守望者」外，還包括由公司設立的計劃（見後文）。

古德說，太陽能守望者航天器分為軍事進攻／防禦專注機隊和研發／科研專注機隊兩種，前者的服役人員大多為美國人，還有許多加拿大、英國和澳大利亞人，儘管這些雪茄形運輸艦的設計目的是在長時間內攜帶大量人員前往其他恆星系統，但在極少數情況下太陽能守望者擁有的這些大型運輸艦其大部份仍保留在我們的太陽系及本地恆星群（Local Star Cluster）內。[38]至於究竟是誰建造了此等由道格拉斯飛機公司（Douglas Aircraft Company）設計的長達數千米的航天器？在一次電台採訪中，湯普金斯提供了一些參與建造過程的航天航空公司的信息：[39]

「使用的設施之一座落在猶他州沃薩奇山（Wasatch Mountains）以東一個非常大的洞穴，大洞穴之旁有一些較小洞穴，這使得洛克希德（Lockheed）太空系統與諾斯羅普・格魯曼公司（Northrop-Grumman Corporation）（前諾斯羅普公司）的設施可以被集中在一起，甚至波音公司都參與了這些千米級航天器的實際建造工作，而海軍現在在銀河系中擁有八艘此種巨型航天器的戰鬥群。」

洛克希德・馬丁公司（前洛克希德公司）和諾斯羅普・格魯曼公司以及道格拉斯飛機公司從一九四三年到一九四六年都收到湯普金斯的簡報。湯普金斯說，於一九四三年六月正式成立的洛克希德最高機密智庫「臭鼬工廠」（Skunk Works）是他交付的簡報內容的直接結果。[40]一九九七年波音公司吸納了麥克唐納・道格拉斯公司，後者是由道格拉斯飛機公司和麥克唐納飛機公司於一九六七年合併而成。因此，自一九八〇年代以來在猶他州機密地點負責建造和升級海軍八艘太空艦隊的三家大公司，都可以直接追溯到接收湯普金斯簡報的原始公司。

古德說，這八艘較舊的雪茄形母艦全是太陽能守望者的資產，其他的ＳＳＰ則擁有更新、更酷的技術「玩具」，而星際企業集團（ICC-SSP）則始終保持著最先進與最適合自己需求的艦隻。

其中 ICC-SSP 是一個在太空中擁有巨大基礎設施的龐大企業集團，它不僅為「人類脫離文明」，而且為「來自其他星系的文明」產生極高的技術。他們使用「物物交換系統」（Barter System）交換了一些令人不安的東西，甚至參與了人口販運／交易以獲取新技術。[41]

以上提到兩個不同的 SSP 名稱，究竟在地球周遭存在有多少個 SSP？據古德透露，目前存在有五個秘密太空計劃，它們分別是：[42]

**(1)太陽能守望者**

太陽能守望者是最早成立的計劃，雖然數十年來經過多次升級，但它仍有著最老化的機隊。它擁有一支以軍事進攻／防禦為重點的機隊，主要致力於對太陽系和周圍的星系進行監管，及跟蹤入侵者和訪客，並在地球和其他星系尋找與清除入侵者和未經授權的訪客。

**(2)星際企業集團（Interplanetary Corporate Conglomerate, 簡稱 ICC）**

星際企業集團的注意力主要集中於技術開發和獲取技術，在易貨交易系統中與地球和非地球團體發展商業關係。他們非常強大與機密，並且始終擁有所有的最新技術和「玩具」。

### (3)黑暗艦隊（Dark Fleet）

黑暗艦隊幾乎完全在太陽系外工作，據古德，它在我們太陽系周遭由五十三顆恆星組成的星團中運行。它是進攻型的軍事組織，極端機密，擁有大型艦隊，與德拉科聯盟一起工作，並被認為在太陽系外的事務中與該聯盟並肩作戰。

### (4)NATO類型SSP

古德顯然被分配到這個類別，它被稱為「國家聯盟計劃」（League of Nations Program），其人員來自許多不同國家。它是一個相對較新的SSP，旨在讓所有國家參與交流信息和技術，並鼓勵各國對其參與的計劃保持沉默。

### (5)各種小型的特殊訪問計劃SSP

小型的特殊訪問計劃SSP通常具有更新的技術，非常機密，它們為某些「秘密地球政府」、「聯合組織」和「世界軍事力量」工作。

古德針對太陽能守望者SSP提供了不少詳盡的證詞，關於這個人的來歷，在他的諸多聲稱中，最重要的是他聲稱自己曾在屬於該高度機密太空計劃的不同船舶上服務二十年（1987～2007）。期間他可以閱讀包含有關太陽能守望者和其他秘密太空計劃的歷史、發展及操作的大量簡介文件之「智能玻璃墊」（smart glass pads）。他回憶說，他在智能玻璃墊上閱讀到的某些文件看起來像是速記員幾十年以來編寫的。

古德關於太陽能守望者的一些證詞得到其他有類似經歷的內部人士的證實，其中最重要的交叉證人之一是人稱「比爾」（Bill）的威廉·湯普金斯，他也是二〇一五年十二月出版的《被外星人選中的科學家》（*Selected by Extraterrestrials*）一書的作者。這是一本自傳體，書中講述了作者如何於一九四二年被北歐（Nordic）外星人選中，作為美方與外星人間的資訊傳遞者。關於比爾如何獲得反重力飛行器的設計機密，及他為何能深度曝光其業務機密（即將其公司活動及涉及業務印成專書），特別是這些機密往往涉及軍工複合體與外星人，詳情見《傳奇（首部）：§7.2》。

當古德的透露首次出現在邁克爾·薩拉博士（Michael E. Salla, Ph.D.）[43]於二〇一五年九月出版的《局內人揭露秘密太空計劃和外星生命》一書時，湯普金斯和古德倆彼此互不認識。直到湯普金斯於同年十二月出版《被外星人選中的科學家》一書之後，主編羅伯特·伍德（Robert M. Wood）博士收到了薩拉的贈書，看完後他注意到薩拉基於古德對秘密太空計劃的歷史和發展分析的證詞，與湯普金斯在其出版的書中所說的，兩者有顯著的相似之處。[44]

薩拉進一步調查後發現，湯普金斯和古德之間各自的秘密太空計劃史之間的實質性匹配可以追溯到一九四二年到一九四六年期間，湯普金斯參加的二十九名海軍諜報員和大約一二〇〇次匯報。這些匯報是由聖地牙哥海軍航空站的里科·博塔海軍上將（Admiral Rico Botta）負責，而由速記員記錄下來。此外，由湯普金斯準備並由他交付給各航空公司、智囊團和研究機構的簡報包，是在一群打字員和抄寫女孩的幫助下組裝的。顯然在維護歷史檔案的適當過程中，海軍間諜的匯報記錄和二戰期間湯普金斯隨後的簡報包都被上傳到智能玻璃墊的擴展數據庫中，四十多年後古德讀到了湯普金斯在聖地牙哥海軍航空站準備的相同文件。古德後來在一次採訪中說，他如何意識到湯普金斯正在討論的文件與他所閱讀到的文件內容相同。[45]

古德關於秘密太空計劃的證詞雖然可以找到旁證支持，但畢竟缺乏直接證據。然而值得注意的是，在直接證據缺乏情況下，法院一般是可以接受間接證據（circumstantial evidence）的。[46]因此，古德的宣稱確有一定的參考價值。關於美國組建太陽能守望者艦隊的原因有以下說法：它與軍方追趕一九四〇年代的維爾／納粹 SS 戰後秘密太空計劃有關，軍方尤其擔憂在南極洲和月球運作的納粹雪茄形仙女座（Andromeda）航天器，這導致軍方（美國海軍）迫切需要開發類似的船隊。

上文提到的維爾（Vril）秘密太空計劃，它是在二戰前由瑪麗亞・奧西奇（Maria Orsic）主導的維爾協會所營運。據古德訊息，戰後該計劃脫離納粹並定居在南美洲。他們與較黑暗的德國團體有互動，但與他們的活動沒有直接聯繫。維爾有更多的精神目標，尋求分享知識以提升人類。他們的工作在某種程度上被那些將其用於自己目的的黑暗團體所破壞。這些黑暗團體開發並在自己身上使用了年齡回歸技術，這可能解釋了接觸者遇到聲稱是來自另一個星系的人類的美麗女性的原因。維爾在太陽系之外旅行。他們最後一次出現是在一九七〇年代。[47]

另據古德的說法，美國軍方花了長達四十年的時間為太陽能守望者研製具有星際航行能力的類似大小的航天器。他認為，美國科學家的逆向工程進展如此緩慢的原因與艾森豪威爾執政期間，美國政府與脫離的（breakaway）納粹／維爾協會的太空計劃達成協議有關。古德聲稱，納粹 SS 的秘密協議已經徹底滲透了回形針行動的科學家及美國軍工複合體。這說明太陽能守望者計劃中雪茄形太空船的緩慢發展是納粹干涉或破壞的結果。[48]

## 4.3 星際企業集團（ICC）：於星際天體間建立了一百多個殖民地、基地和工業設施／工廠，也與近九百個文明進行貿易協議

美國人主導的秘密太空計劃除了太陽能守望者外，尚有另一個更神秘及更強大的計劃存在，那就是星際企業集團（ICC）。秘密太空計劃舉報人科里古德（Corey Goode）聲稱，自己親自去過火星，並描述目擊到一個名為「星際企業集團」的太空計劃所擁有的設施。他在這些 ICC 設施中看到的工人狀況令他懷疑，他們是被當作奴隸勞工使用。令人意外的是，ICC 對其他太空計劃在火星上建造的軍事設施擁有主導權。古德進一步透露，ICC 在火星上擁有完整的工業基礎設施，這包括基地、車站、哨所、採礦作業和設施，及有各種衛星遍佈在散佈於火星與木星間的主要小行星帶。他們擁有獲取原材料並將其轉變為可用材料的設施，其目的是生產我們的材料科學尚未想到的複雜金屬和複合材料。

ＩＣＣ控制著火星及其周圍的許多空域和安全運作。分配給火星的大多數安全人員都被分配到ＩＣＣ，並為其服務。在一九九〇年代，ＩＣＣ在太陽系內外擁有一百多個非地球基地，這是古德所知道的。其中一些擁有二十五萬人的大量人口，而另一些只有一萬人，有些甚至只有幾十人。[49]

古德並說，非人類（即外星人）在火星上也有基地，其中一些已在那裡存在了一段時間，並擁有較大的熔岩管系統（lava tube systems）。這些系統已內置到龐大的基地系統中，它們可以安全地容納數百萬居民。[50]

古德的證詞乍聽似乎不可思議，但軍工複合體企業確有建立火星殖民地的企圖和能力，這些早在八〇年代初即顯露出端倪。一九八三年九月二十日洛克希德傳奇性的臭鼬工廠總監賓．里奇在華盛頓特區關於未來太空系統的國防週（Defense Week）專題討論會上發表了自己看法。他將飛碟圖片添加到演講中展示的一組十二到二十五張幻燈片的末尾。討論會中他說：

「似乎我們每隔十年都會在臭鼬工廠中取得突破，因此如果您在十年後邀請我回來，我將能夠告訴您我們（現在）在做什麼…我可以告訴您最近收到的一份合約。」

他嚴肅的語調使房間頓時陷入沉默，然後下一句又讓笑聲緊隨其後：「臭鼬工廠已經被賦予了將 ET 帶回家的任務。」[51]

里奇的話雖帶幽默，但其中包含了他無法公開透露的深刻事實，那就是洛克希德．馬丁公司正在研發能夠進行星際航行的航天器。十年後的一九九三年三月二十三日，在洛杉磯的一次工程會議上里奇修改了他的說詞：

「我們現在擁有將 ET 帶回家的技術。」

他的說法再次引起了笑聲，但卻揭示了臭鼬工廠過去十年的重要發展，這意味著一九八〇年代或遲至一九九〇年代初之前，洛馬公司已成功開發了具有星際航行能力的機密航天器。[52]

洛馬公司的前身是格倫·馬丁公司（Glenn Martin Corporation），後者在一九五〇年代早已有非常傲人的反重力研發成果。當時其首席執行官特里布爾（Trimble）在被政府封口前，曾就反重力研究的含義進行了詳盡的演講，圍繞反重力研究的保密也擴展到反重力航天器的開發，賓·里奇在以下聲明中闡明了以上這一點：

「我們已經擁有在星際旅行的手段，但是技術被鎖定在黑計劃中，只有神的行動才能讓它們脫穎而出以造福人類⋯任何您能想像到的，我們已經知道該怎麼做。」[53]

太陽能守望者是美國將反重力技術應用於地球軌道之外的第一個太空計劃，它雖有多國籍人士參與，但大部份參與人士與計劃指導權仍然是由美國人擔當。至於反重力技術的研究，美國海軍及其科學家主要是對納粹黨衛軍與維爾協會的先進飛碟以及回收的外星飛船進行逆向工程。所有與製造相關的業務則留給諸如洛馬公司、諾斯羅普·格魯曼公司和其他專門開發與建造先進航空航天器的承包商來擔當，美國軍方負責提供資金與所需的規格，而航空航天公司則提供最終的成品——飛行器。

里奇的評論證實了古德的說法，即太陽能守望者艦隊中能夠進行星際航行的雪茄形太空船是在一九八〇年代末投入營運的。太陽能守望者計劃主要承包商之一的洛馬公司和其他一些航空航天承包商集團，在為美國軍方承製航天器的過程中掌握了足夠的知識和技術。他們利用電重力推進，並使用磁場干擾器（Magnetic Field Disrupters, 簡稱 MFD）進行重力抵消，目前有能力為機密的反重力艦隊製造超光速粒子時間驅動器（tachyon temporal drives）。

總之，這些國防承包公司隨時可秘密製造星際反重力飛行器，以履行與美軍各軍種的軍事合同。這些主要是軍事防禦承包商的公司，集中資源成立另一分支，並在我們的太陽系中創建了龐大基礎設施。它們自成一體系，與地球母公司不相統屬，這個新成立的分支就是星際企業集團（ＩＣＣ）。具體來說，ＩＣＣ的起源可追溯到一九五五年，當時艾森豪威爾總統與納粹脫離文明簽署了一項條約，條文中包括將美國軍工複合體與德國軍工複合體合併，於此產生了一個新的軍工複合體。

ＩＣＣ在我們太陽系的月球、主要小行星帶、火星及其他行星的數個月球和天體上建立了一百多個殖民地、基地和工業設施／工廠，它與近九百個文明有貿易協議。除此，ＩＣＣ還在本地集群（local cluster）內的其他星球建立了基地，德拉科（Draco）授予了ＩＣＣ採礦權，其中一處是在距地球六十五光年的艾爾德巴蘭星系（Aldebaran），另一處是在距地球四四四光年的昴宿星系（Pleiades）。[54]

另據古德透露，自一九五〇年代以來，秘密太空計劃（ＳＳＰ）一直在殖民其他星球或其月球，並在銀河系以及附近其他恆星系統建立隱蔽太空站，其中ＩＣＣ在銀河系中建造了二十個隱蔽太空站，其中三個掩蓋的空間站正在繞地球運行，它們對如何成功創建水培法（hydroponics）、太空船與太空站上的魚菜共生園（aqua ponics gardens）及細菌和病毒如何在不同的太空環境中生存等事項進行研究。

火星周圍的六個太空站正在建造用於星際防禦的太空戰艦。木星周圍有四個太空站，土星附近有兩個，金星附近有三個，冥王星旁邊有一個，天王星附近也有一個。[55]現在在富含金與鈾的小行星帶有各種不同的採礦作業正在進行中，ＳＳＰ利用它所賺的錢來資助其建立先進技術的秘密研究計劃，這些技術創造了驚人的消除病毒、治癒癌症與減緩老化過程的康復劑。

人類正進行太空採礦的說法獲得秘密太空計劃局內人馬克．理查茲上尉證詞的證實，他說我們正在從其他星球帶來金和銀到這個星球上，它們來自所有不同的其他星球，但我們並不是唯一擁有金和銀的人。很顯然，秘密太空計劃利用這點，基本上就是掌握了天下。[56]

除了太空採礦及設立星際太空站外，超過光速的遠距太空旅行如今也成為可能，所有這些訊息在地球上都受到抑制，以致一般公眾無緣接觸，他們只能繼續使用落伍的技術。

ＩＣＣ專注於不計任何手段以開發和獲取技術；在易貨系統中他們開發和生產技術以和地球及地外世界的團體交易。ＩＣＣ是洗腦技術的專家，它為了奴役和其他目的，將人從地球綁架，它主要以火星和整個太陽系為中心。ＩＣＣ的另一個設施正在針對不情願的人類（即被綁架的人）嘗試基於神經學人工智能系統，並利用人體零件與結合最新的先進神經鏈接技術來創造半機械人（cyborgs）和機器人（androids）。由ＩＣＣ開發，能夠將人類意識（或人的思想）下載到混合著人體零件的半機械人體內，這些實驗正在對該網路（cyber）設施的許多不甘心的人進行。

ＩＣＣ在天王星（Uranus）和冥王星（Pluto）也有工廠和設施，在那裡ＩＣＣ製造鈷探勘設備，而在火星和其他行星上開採不同金屬。在天王星上，ＩＣＣ創造出混雜著動物和其他外星人DNA在一起的人類雜種（human hybrids），[57]這些混種人類可以在各種惡劣環境下，進行長時間的太空旅行及執行各種不可能的任務。ＩＣＣ在銀河系中共有兩百個設施／殖民地，這個企業集團綁架了人類，並將其充做奴隸勞動及作為「食用肉牛」等。[58]

二〇一五年十一月十日及十六日美國參議院及眾議院分別批准及在同年十一月二十五日生效的「美國商業太空發射競爭力法案」（CSLCA），該法案第Ⅳ條保護了願意在未來的太空探索中投入大量資金的礦業公司的權利，例如如果一家礦業公司在火星上建立了基地，那麼它便有權在受美國聯邦法律保護的同時開發大量資源。[59]該法案有助於太空採礦，它允許美國公司擁有和出售從月球、小行星或其他天體中提取的材料。這個法案雖然保護了美國公司的權利，但為秘密進行採礦作業的美國附屬公司也提供了法律保護。

據舉報人古德宣稱，後者（美國附屬公司）一直在太陽系與其他地方使用奴隸勞動。古德聲稱，這些採礦作業和相關基地是德國秘密社團與美國軍工複合體之間合作的結果而開始的，它起源自一九五〇年代後期。如果古德的說法是可靠的，那麼美國公司就是實際參與了火星與其他地方的奴役勞工實踐，而這套奴役勞工的做法則是源起自納粹德國的政策。[60]

古德的說法可以從秘密太空計劃局內人馬克・理查茲上尉的受訪證詞得到一些支持，雖然後者的談話對象是婦女與孩童，但既然他們可被劫持到地球之外，青壯男子就不會沒有可能。馬克說，「人類（主要是婦女和兒童）被帶走，隱藏在太陽系外的幾個衛星。他不會透露在哪裡……大量人類被猛龍（raptors）重新捕獲並獲救……被帶到類地球星球的衛星——數十萬人——猛龍無法將他們帶回地球的原因是因為至少其中一些人會洩露整個秘密……」

馬克又說，「我們有維和人員和守望先鋒，由我們的各個盟友巡邏或維護星系。有一個團體致力於在太陽系中維護人們的和平，他們在那裡與我們的聯合國相似，有不同的團體，他們試圖在各種敵對生物和派系之間促成和平。」[61]

ICC在這個星球（地球）似乎能予取予求，做事順風順水，為何它能如此？據古德的說法，它與世代相傳，控制著地球人口和資源的光明會／「卡巴爾」陰謀集團（Illuminate／Cabal）（關於陰謀集團的簡介見《傳奇（首部）》§2.4）之間有著千絲萬縷的關係。當光明會／「卡巴爾」陰謀集團強迫美國簽署一項條約並制定秘密的聯合太空計劃時，他們已經在全球軍事、情報、航空航天和企業界營運了一段長時間。第一次世界大戰之前，他們已經在各個會社中世代相傳，擁有金融／銀行業。這些金融團體都與光明會／「卡巴爾」幫派傘下的其他團體交織在一起，並一起工作。[62]

對於像卡巴爾這樣的陰謀權力組織，有無任何反制力量？據二〇一六年九月二十六日至二十九日在加州沙斯塔山（Mount Shasta）舉行的ＳＳＰ會議。當時參加會議的講員包括科里・古德、邁克爾・薩拉博士、勞拉・艾森豪威爾（Laura Eisenhower）和羅伯・波特（Rob Potter）等人。其中薩拉博士提到，所有俄羅斯總理在上任時都會得到一個秘密文件夾，其中披露了地球上地外政治局勢的性質，特別是陰謀集團有效地接管了文明世界，並使用代理戰爭進行了一場無聲的世界大戰。他又說，地球內部的安沙爾人（Anshar）幫助俄羅斯人提供積極的平衡力量，對抗被納粹或德國神秘團體接管的西方陰謀集團。此外，積極的北歐人（Nordics）與俄羅斯人接觸，這種接觸一直持續到現在。[63]

據以上敘述，ＩＣＣ的發展起源自美國，傳統上大公司通過軍事合約向美國軍方提供先進的武器系統和技術，但在涉及外來技術方面，程序似乎相反，即由軍方向公司提供相關資訊，而公司則負責製造出成品。為了解任何新近從軍方獲得的先進技術資訊及評估其潛在的武器應用，進而對它進行逆向工程，及最後大規模生產出新的武器系統，大公司往往透過與軍事科學家和研究機構進行合作，研究任何新近獲得的技術。這種成功的二戰軍事工業合作模式持續進行，並在「回形針行動」下擄獲及與各機構分享了納粹的先進技術，隨後軍方還獲得了外星飛船。這些飛船與捕獲的納粹技術一起在美國的機密軍事和國家安全機構中，被進行秘密研究和逆向工程。公司對建造與逆向工程航天器和武器系統提供必要的專業知識和技術。

在研究逆向工程和研製外星飛行器及相關技術的過程中，公司影響力發展的關鍵階段是發生在內華達州能源部所擁有的偏遠地區 S-4 設施的建立之後，該設施後來稱為五十一區。在創建 S-4 設施之前，對外星和相關技術的研究及逆向工程是在美國空軍與海軍的機密設施進行，這些設施如萊特・帕特森空軍基地和中國湖海軍基地等，但 S-4 的創建改變了這一切。S-4 毗鄰五十一區，它的土地所有權是在一九五五年由艾森豪威爾授權從能源部轉交給中情局的。中情局迅速在格魯姆湖建立了一處秘密間諜飛機設施，但這僅做為掩護計劃，以掩蓋毗鄰的帕波斯湖（Papoose Lake）設施中更為機密的 S-4 設施所發生的一切。

洛馬公司和其他主要軍事承包商協助發展了中情局後來的間諜飛機 U-2、SR-71 和 OxCart，同時還協助研究和逆向工程 S-4 設施內的外星人和其他先進技術。到了一九五八年，S-4 設施容納了四艘被擄獲的納粹飛碟和三艘外星飛船。從艾森豪政府開始，公司開始向美軍各個分支機構提供航天器和武器系統，而這些在一九八〇年代就演變成「太陽能守望者」計劃。

同時隨著洛馬和其他航空航天公司成功開發了時空驅動技術，這些公司事實上也同時秘密開發了可用於構建一九八〇年代另一個敵對太空計劃的重要資產，從而實踐了從行星星際旅行到恆星星際旅行的飛躍。實際上，根據科里・古德的透露，軍事工業綜合體（ＭＩＣ）在被迫與一個同德拉科（Draco）結盟的德國團體簽署條約後，開始擴展秘密太空計劃。而ＳＳＰ的全球銀河國家聯盟

（The Global Galactic League of Nations）派系僅是一個掩護，其目的是隱藏 ICC 和太陽能守望者計劃。[64]

軍事承包商為何能如此做卻不致引起美國軍方的過度擔心？原因在於他們本就可以為開發和測試目的而開發少量的航天器，何況這也符合負責外星相關計劃的 MJ-12 小組的長期利益。

MJ-12 小組理解，它最終雖能夠成功地將美國總統從決策圈中剔除出去，但卻無法透過美軍的秘密分支機構，特別是作為有長久歷史的美國海軍秘密機構來達到此目的。中情局的角色對於秘密的公司太空計劃的發展至關重要，因為有關 S-4 和五角大樓雙方的公司承包商製造中心，它們之間發生的事情實際上有效地將美國政府行政部門拒之門外。中情局在 MJ-12 小組的直接授權下採取行動，該小組有效地將艾森豪威爾總統和美國軍方從與外星相關計劃和新興的公司太空計劃中排除出去。[65]有感於這種氛圍可能帶來的危險，艾森豪威爾在其離職前夕發表的告別演說中提到：

「在政府委員會中，我們必須防止軍事工業複合體獲得不必要的影響，無論是尋求還是不尋求。錯放權力的災難性上升可能性是存在的，並將持續存在。我們絕不能讓這種結合的重擔危及我們的自由或民主進程。」[66]

二〇一三年五月，前中情局特工史坦因／庫珀在美國六名退休國會議員的視頻證詞中透露，艾森豪威爾因自己對 S-4 局勢的不了解而感到沮喪，他試圖從 MJ-12 小組得到信息，但被拒絕。一九五八年艾森豪威爾總統在副總統尼克松陪同下，將史坦因／庫珀及其頂頭上司召集到白宮橢圓形辦公室，要求他倆捎私人訊息給五十一區和 S-4 的負責人，內容略謂：如果總統得不到所要求的情報，他將授權入侵五十一區和 S-4。[67] 除此，總統還對他倆說，關於地外生命和技術問題的進展，MJ-12 應該能夠找到答案，但他們從未向他發送過報告。[68]

在視頻訪問中，歷史學家理查德．多蘭（Richard Dolan）問道：

「艾森豪威爾真要入侵五十一區？」

史坦因／庫珀再次證實，艾森豪威爾確實準備動用第一軍（First Army）這麼做。史坦因／庫珀描述了當與其頂頭上司接受「部份採訪」時，他們在 S-4 設施看到灰人外星人的事情。回到白宮後，史坦因／庫珀及其上司向總統匯報了他倆在 S-4 看到的東西，這時聯調局局長埃德加．胡佛（J. Edgar Hoover）也共同出席匯報，艾森豪威爾對所聽到的一切感到震驚。

自從艾森豪威爾授權將五十一區從能源部移交給 CIA 後的三年內，CIA 已建造或合併了始建於一九五二年的該設施，以容納飛碟／地外相關計劃。洛馬公司等承包商將參與即將在 S-4 進行的高度機密的逆向工程計劃。儘管 CIA 為 S-4 設施提供了資金、安全和機構支持，但最終還是由 MJ-12 小組負責了 S-4 的秘密計劃，然而 MJ-12 卻不願意與總統分享訊息。

艾森豪威爾決定向 CIA 索取有關 S-4 情資的決定意味著，關於飛碟技術和外星生命的最機密訊息已不再像杜魯門時代那樣，受到總統直接監督。在艾森豪威爾時期，S-4 的管理方式要求，總統需透過 CIA 才能查明它正在發生的事情。艾森豪威爾決定將對五十一區設施的完全控制權交給

CIA，而非任何軍事部門，這一決定很快變成了一項悲慘的錯誤。艾森豪威爾的這一決定，再加上納爾遜·洛克菲勒（Nelson Rockefeller）的政府改組建議，使得MJ-12小組擁有了在總統和軍方控制之外建立本身秘密太空計劃的體制手段。

史坦因／庫珀的證詞清楚指出，艾森豪威爾只有通過面對MJ-12的軍事入侵威脅才能了解S-4的情況。他雖然成功地了解了一九五八年所發生的事情，但這只是短暫的戰術勝利。長期來看，MJ-12在五十一區享有完全自治，並且不須遵循指揮體系將情形往上匯報，因此在戰略上MJ-12才是真正贏家。艾森豪威爾的後繼者將無法對MJ-12和五十一區的活動採取直截了當的軍事威脅以維持指揮系統。

古德證實了軍隊曾被用來威脅由MJ-12創造的新的公司太空計劃。他說：

「通過智能玻璃墊，我獲得了大量有關杜魯門和艾森豪威爾政府的訊息，以及他們通過軍工複合體創造了『脫離文明』的政策。有人提到，美國陸軍和海軍陸戰隊都經過培訓，並不只一次被用來威脅星際企業集團（ＩＣＣ ＳＳＰ），逼使它向聯邦監督局（Federal Oversight）開放其設施和訊息。但此舉在ＩＣＣ獲得足夠的力量以掌控美國政府，以及大部份五角大樓和市民情報機構[69]之後終結了。」[70]

MJ-12權力的迅速增長和其新興的太空計劃導致艾森豪威爾在一九六一年發表著名的軍工複合體力量威脅的警告言論。艾森豪威爾在職務交接時向甘迺迪總統簡報了MJ-12及軍工複合體力量膨脹至難以控制的問題，其內容比他公開透露的要詳細得多。由於獲得對 MJ-12 的詳細資訊，導致甘迺迪對其政府試圖重建對 MJ-12 行動的控制充滿信心。

一九六一年六月甘迺迪向當時的 CIA 局長艾倫・杜勒斯（Allen Dulles）發送了一份絕密備忘錄，要求獲知 MJ-12 行動的權限。杜勒斯在回信中拒絕讓甘迺迪牽涉 MJ-12 的行動。反之，他安排 MJ-12 接受一系列指令，其中包括暗殺指令，該指令授權 CIA 特工可以對威脅 MJ-12 行動的任何美國政府官員進行處治。因此，推測甘迺迪其後為主張總統對 MJ-12 及其相關的秘密太空計劃的權力主張所做出的努力，是他一九六三年遭暗殺的直接因素。甘迺迪的死亡也標誌著 MJ-12 ／公司對美國政府以及大部份情報圈的完全控制的開始。[71]

在甘迺迪、約翰遜和尼克松政府施政期間，隨著先進技術的出現，規模較小的 MJ-12 承包商公司其控制的太空計劃規模持續擴大，並開發出更強大的航天器和武器系統。在一九九〇年代後期，公司的太空計劃使得美國軍方的「太陽能守望者」計劃黯然失色。這與賓・里奇的說法是一致的，他說洛馬公司在一九八〇年代初即開始研究「如何將 ET 帶回家的技術」，一九九〇年代初轉變為「已擁有將 ET 帶回家的技術」。里奇所暗示的太空旅行技術與一九八〇年代為太陽能守望者計劃研製的最初太空船相比，其技術更加先進。

MJ-12 小組控制下公司的秘密太空計劃發展最終導致了星際企業集團（ＩＣＣ）的成立，古德在一九八七年開始服務時將其描述為一家大型公司：

ICC-SSP是一個在太空中擁有巨大基礎設施的巨型產業，它不僅為「人類脫離文明」，而且為「來自其他星系文明」生產極高的技術產品。在那裡存在一個巨大的「易貨貿易系統」。ICC-SSP進行了一些非常令人不安的交易，它甚至參與了人口的販運買賣以獲取新技術，然後為人類的脫離文明及其他文明之間在條約下進行貿易與工程設計和生產。[72]此外，更令人震驚的是，古德指出，SSP（未指明是ICC或其他，但可能是指ICC）對高度進化的ET貓科物種（feline species）制定了捕獲或殺死命令。此物種非常仁慈，可以使用精神投射旅行，並試圖對人類提供幫助。[73]

ICC同時也做為一間為其他航天計劃甚至外星文明開發高科技產品的實體公司。古德在描述此ICC特性時清楚指出：

「ICC的技術遠超『太陽能守望者』計劃，這使得它成為太陽能守望者的潛在競爭者，也威脅到太陽能守望者。」

依照古德的說法，ICC可能將其俘虜的人用來交換先進技術，與誰交易？其對象自然是技術比它先進的外星文明。因此，從公司理念與技術現況來看，ICC均有可能與維持美國憲法價值觀和規範的「太陽能守望者」計劃發生衝突。

古德並描述了來自主要航天航空公司的高級人員如何一面大量參與ICC，一面同時保留了他們在母企業中的許多聯繫和影響力。他說，洛馬公司、諾斯羅普·格魯曼及波音等政府合同公司其內部設有超級委員會，並有常任理事成員。該「成員」將「退休」並退出其公司董事會，然後加入ICC-SSP公司董事會（超級委員會）。然後，他們就不再是眾人矚目的焦點，但仍然擁有「公司內拉拔和聯繫」的能力。[74]

古德說，在與杜魯門和艾森豪威爾政府的秘密談判中，納粹回形針行動的科學家在軍工複合體企業中竄升至領導職務，這導致組成ＩＣＣ的主要公司被納粹滲透。這些納粹科學家中有許多人是二戰後倖存下來，並最終誕生了「黑暗艦隊」的維爾協會／納粹黨衛軍集團的資產（即間諜）。ＩＣＣ誕生後，它的許多高級人員以及MJ-12小組在歷史上一直與黑暗艦隊站在同一陣線。古德聲稱，該艦隊主要是在太陽系之外運行。[75]

本章主題——秘密太空計劃，不管是太陽能守望者或是星際企業集團（或是黑暗艦隊），它們的科技水平都遠非任何台面上的美國宇航局（NASA）太空計劃可比，尤其是星際企業集團的航天科技更是先進。這些由軍工複合體主導的秘密計劃其背後都有著地外因素的介入，下文將對這些與軍工複合體合作的地外族群略做一些介紹。

## 註解

1. White House Diaries, Tuesday, June 11, 1985
https://www.reaganfoundation.org/ronald-reagan/white-house-diaries/diary-entry-06111985/

2. Randolph Wright, Mikhail Gorbachev Is Gog and Magog, the Biblical Antichrist 2010, Author House，p.62

3. Carlson, Gil. Blue Planet Project: The Encyclopedia of Alien Life Forms, Wicket Wolf Press, 2013, pp.17-18

4. Space Command-Project Camelot Interviews with Captain Mark Richards by Kerry Cassidy, 2013-2014. Interview 1: Total Recall-My interview with mark Richards, November 8, 2013。2nd Interview with Capt. Mark Richards by Kerry Cassidy on August 02, 2014. https://www.bibliotecapleyades.net/sociopolitica/sociopol_globalmilitarism180.htm Accessed 6/26/19

5. Space Command-Project Camelot Interviews with Captain Mark Richards by Kerry Cassidy. 2nd Interview with Capt. Mark Richards by Kerry Cassidy on August 02, 2014. https://www.bibliotecapleyades.net/sociopolitica/sociopol_globalmilitarism180.htm Accessed 6/26/19

6. Space Command-Project Camelot Interviews with Captain Mark Richards by Kerry Cassidy, 2013-2014. Interview 1: Total Recall-My interview with mark Richards, November 8, 2013。https://www.bibliotecapleyades.net/sociopolitica/sociopol_globalmilitarism180.htm

Accessed 6/26/19

7. Space Command. 2nd Interview with Capt. Mark Richards, op. cit.

8. Ibid.

9. Solar Warden: Revealing A Secret Space Agenda.
https://www.groundzeromedia.org/solar-warden-revealing-a-secret-space-agenda/

10. Space Command. Interview 1: Total Recall, op. cit.

11. Space Command. 2nd Interview with Capt. Mark Richards, op. cit.

12. Dorsey III, Herbert G. Secret Science and The Secret Space Program. Hebert G. Dorset III Publishing, 2015, p.165

13. Solar Warden: Revealing A Secret Space Agenda. Op. cit.

14. Dorsey III, op. cit., p.158

15. Richard Boylan, Ph.D., The Solar Warden Space Fleet.
http://www.drboylan.com/usspacefleet.html

16. Naval Network and Space Operations Command Established. 7/29/2002
https://www.navy.mil/submit/display.asp?story_id=2878

17. Richard Boylan, Ph.D., Star Nations Permanent Diplomatic Mission – Earth, 2017

http://www.drboylan.com/mj12unoosacss.html

18. Space Command. Interview 1: Total Recall, op. cit.

19. Richard Boylan, Ph.D., The Solar Warden Space Fleet, op. cit.

20. "Arthur Neumann", posted: March 5, 2017. Last change: October 2, 2018.
https://etarena.org/star/arthur-neumann/

21. Richard Boylan, Inside Revelations on the UFO Cover-Up. *Nexus Magazine*, *Volume 5*, *Number 3 (April - May 1998)*
http://www.ufoevidence.org/documents/doc1861.htm

22. 轉引自 Salla, Michael E., Ph.D., Insiders Reveal Secret Space Programs & Extraterrestrial Alliances, Exopolitics Institute (Pahoa, HI), 2015, p.164

23. Michael E. Salla, Reagan Records and Space Command Antigravity Fleet. April 15, 2009.
https://www.bibliotecapleyades.net/exopolitica/exopolitics_reagan05.htm

24. 轉引自 Salla, Michael E., Ph.D.,2015, p.166, op. cit.

25. Richard Boylan, Ph.D., The Solar Warden Space Fleet, op. cit.

26. 據馬克・理查茲，新世界秩序（NWO）的布希分支——陰謀集團（Cabal）——自二〇〇八年以來由於管理不善被迫撤退。（見 Space Command， 2nd Interview with Capt. Mark

Richards, op. cit.）而馬克也確實說過，布希家族血統的 DNA 包含爬蟲類 DNA，但是他們不是變形者。（見 Space Command. Interview 1: Total Recall, op. cit.）

27. Ibid.
28. Michael Salla, Secret space programs more complex than previously revealed. April 7, 2015, posted on Exopolitics Research, Space Programs.
https://www.exopolitics.org/secret-space-programs-more-complex-than-previously-revealed/
29. 轉引自 Salla, Michael E., Ph.D.,2015, p.169, op. cit.
30. Ibid.
31. Ibid., p.170
32. Ibid., p.171
33. Salla, Michael E., Ph.D., The U.S. Navy's Secret Space Program & Nordic Extraterrestrial Alliance. Exopolitics Consultants (Pahoa, HI), 2017, p.8
34. Ibid., p.14
35. Space Command. Interview 1: Total Recall, op. cit.
36. 轉引自 Salla, Michael E., Ph.D.,2015, p.136, op. cit.
37. 引自 Salla, Michael E., Ph.D.,2015, p.173–174, op. cit.

38. Michael Salla, Secret space programs more complex than previously revealed, op. cit.

39. 轉引自 Salla, 2017, op. cit., p.98–99

40. Ibid., p.99

41. Michael Salla, Secret space programs more complex than previously revealed, op. cit.

42. Ibid.

43. 邁克爾·薩拉博士的幽浮文章與書本出版常被本書所引用，故有必要對其略作介紹。薩拉博士曾在華盛頓特區美國大學國際服務學院（一九九八～二〇〇一年），以及澳大利亞堪培拉（Canberra）澳大利亞國立大學政治學系（一九九四～一九九八年）任教。二〇〇二年他成為華盛頓特區喬治華盛頓大學的兼職教員。隨後他成為全球和平中心（Center for Global Peace）的「常駐研究員」（二〇〇一～二〇〇三年），專門研究和平轉型的方法，並指導該中心的和平大使計劃。他擁有澳大利亞昆士蘭大學（University of Queensland）的政府學博士學位和澳大利亞墨爾本大學（University of Melbourne）的哲學碩士學位。他是《邁向第二個美國世紀的英雄旅程》（格林伍德出版社（Greenwood Press），二〇〇二年）的作者；共同編輯《冷戰結束的原因》（格林伍德出版社，一九九五年）；撰寫了七十多篇關於和平、種族衝突和衝突解決的文章、章節和書評。他在東帝汶、科索沃、馬其頓和斯里蘭卡的種族衝突方面進行了研究和實地考察。他組織了許多涉及這些衝突的中高層參與者的國際研討會。二〇〇三年一月，他開始發表一系列學術論文，探討地球上可能存在外星人的政治影響（網址：www.exopolitics.org）。

Beckley, Timothy Green, Christa Tilton, Sean Casteel, Jim McCampbell, Dr. Michael E. Salla, Leslie Gunter, Bruce Walton. Underground Alien Bio Lab At Dulce: The Bennewitz UFO Papers. Global Communications (New Brunswick, NJ). 2009，p.179

44. 轉引自 Salla, 2017, op. cit., p.182

45. Ibid., p.183

46. 見《傳奇（首部）：序言》關於史科特・彼得森（Scott Lee Peterson）與拉西・彼得森（Laci Peterson）謀殺案件審判結果的評論。

47. Justin Deschamps, Notes and Commentary from Mount Shasta Secret Space Program Conference. September 8, 2016
http://www.theeventchronicle.com/uncategorized/notes-commentary-mount-shasta-secret-space-program-conference/

48. 轉引自 Salla, 2017, op. cit., p.168

49. Ibid.

50. Michael Salla, Ph.D., Corporate bases on Mars and Nazi infiltration of US Secret Space Program.

May 20, 2015, posted in Exonews, Space Programs.
https://www.exopolitics.org/corporate-bases-on-mars-and-nazi-infiltration-of-us-secret-space-program/

51. 轉引自 Salla, Michael E., Ph.D., 2015, p.179

52. Ibid., p.180

53. Ibid., p.181

54. Interplanetary Corporate Conglomerate
https://disclosure.fandom.com/wiki/Interplanetary_Corporate_Conglomerate

55. Interplanetary Corporate Conglomerate.
https://archive.org/stream/steakandpotatoes5_gmail_Mars/e9889f_1b15b5c444484f639a488042c5af534b_djvu.txt
Accessed on 8/1/2020

56. Space Command. Interview 1: Total Recall, op. cit.

57. 雜種是從不同種來源衍生的任何東西，或由不同或不協調的牛頭不對馬嘴種類的元素組成的。幽浮文獻中所說的雜種主要是地球人類和澤塔網罟生物之間的雜交。用於創造這些雜種的特定過程還沒有被發現，這不僅使用基因剪接（genetic splicing）和克隆，也使用了一種人類不熟悉的光等離子體工程技術（light plasma engineering technology.）http://www.exopaedia.org/Hybrid

58. Space Command. Interview 1: Total Recall, op. cit.

59. Mike Wall, New Space Mining Legislation Is ‘History in the Making’, 11/20/2015 https://www.space.com/31177-space-mining-commercial-spaceflight-congress.html

60. Michael E. Salla, Ph.D., US Congress Passes Bill Protecting Slave Labor on Mars & Secret Corporate Space Colonies. Exopolitics.org https://exonews.org/us-congress-passes-bill-protecting-slave-labor-on-mars-corporate-space-colonies/

61. Space Command. 2nd Interview with Capt. Mark Richards, op. cit.

62. 引自 Salla, Michael E., Ph.D., 2015, p.183

63. Justin Deschamps, Notes and Commentary from Mount Shasta Secret Space Program Conference. September 8, 2016 http://www.theeventchronicle.com/uncategorized/notes-commentary-mount-shasta-secret-space-program-conference/

64. Ibid.

65. Ibid., p.186–187

66. Eisenhower's Farewell Address to the Nation, January 17, 1961
http://mcadams.posc.mu.edu/ike.htm

67. 引自 Salla, Michael E., Ph.D., 2015, p.187

68. Ibid., p.188

69. 市民情報機構（civilian intelligence agencies）共有八個機構，它們是中情局（CIA）、國家情報局局長辦公室（Office of the Director of National Intelligence, 簡稱 ODNI）和分佈在能源部、國土安全部、司法部、財政部及國務院內的六個情報部門。
見 Civilian Intelligence Community ：Additional Actions Needed to Improve Reporting on and Planning for the Use of Contract Personnel. 2014 January.
Gao.gov/assets/670/660486.pdf

70. 轉引自 Salla, Michael E., Ph.D., 2015, p.189–190

71. Ibid., pp.190-191

72. Ibid., p.191

73. Justin Deschamps, Notes and Commentary from Mount Shasta Secret Space Program Conference. September 8, 2016

http://www.theeventchronicle.com/uncategorized/notes-commentary-mount-shasta-secret-space-program-conference/

74. Ibid., p.192

75. Ibid., p.193

# 第⑤章 包羅萬象的外星人種類

## 5.1 地球人類的起源

「古代外星人假說」是基於羅徹斯特大學（University of Rochester）和羅徹斯特理工學院（Rochester Institute of Technology）教授科琳．克萊門茨博士（Dr. Colleen Clements）撰寫的書。[1]她認為人類是一個混合種族，我們的物種可能在大約 四萬年前的某個時候被外星人在基因上增強了。她的案例基於幾個因素，其中兩個最突出的是遺傳和方法學。

遺傳論點歸結為我們的小腦素基因的D等位基因（D allele）。小腦蛋白基因對我們大腦的發育和大小至關重要。基因的一部分被稱為等位基因，而該基因的D等位基因對我們的故事非常重要。

遺傳學家能夠確定我們擁有這個特定等位基因的時間，甚至它起源於世界的哪個部分。事實證明，答案是大約四萬年前和歐亞大陸中部的某個地方。實際上，涉及一個日期範圍，可能少至約一萬四千年，多至六萬年。

所有遺傳學家都同意，這個等位基因是通過雜交而來的。也就是說，來自外部來源。遺傳學家和史前學家的主導假設是這必須是尼安德特人（Neanderthals），因為他們可能在引入這個等位基因時就已經存在了。尼安德特人在大約三萬年前的某個時候滅絕，或者可能在最近一段時間內滅絕。

除了尼安德特人之外，當時還有另一個人類群體，被稱為丹尼索瓦人（Denisovans）。我們對他們的了解並不多，因為他們留下了非常少的化石記錄。儘管他們與尼安德特人不同，但他們與尼安德特人有著密切的關係，並且共享大量的DNA。此外，他們生活在中亞，也就是我們的D等位基因首次出現的地方。然而，目前尚未在尼安德特人中發現D等位基因。

如果我們沒有從尼安德特人或丹尼索瓦人那裡得到這個等位基因（兩者都沒有表現出我們祖先在大約四萬年前凝視的創造力和天才的跡象），那麼我們可能會考慮對我們的早期歷史進行一些認真的重新思考。

D等位基因的一個有趣之處在於它並不存在於100％的人類群種中。它只存在於全世界大約70％的人之中。當遠離中亞北部時，百分比會變低。

在神話中，埃里克汗（Erlik Khan）並不是人類的創造者。他是第二強神，直接侍奉創造宇宙的造物主。根據蒙古人的古老信仰，人類只有通過埃里克汗才變得聰明。隨著我們對D等位基因的了解，人類在埃里克汗出現之前就已經存在，但並不聰明。只有在他們出現之後，我們才變得聰明。

同樣，我們真的無法知道這個神話從何時開始。當然，這些類型的神話以各種形式存在於所有早期人類文化中。我們真正想知道的是，這個故事從何而來？如果我們假設人類在四萬五千到五萬年前被一個外星種族造訪，我們可能會問，這個事件是如何歷代傳播的？我們並沒有文字紀錄，我們只有口耳相傳，很可能是以詩意的形式。畢竟，詩歌是能記住一個很長故事的方式。正如科琳·克萊門茨博士所暗示的那樣，早期人類遇到這些操縱我們基因的天空之神似乎是完全有可能的，我們的祖先完全有可能從這次相遇中發展出天空之神埃里克汗的故事。[2]

天空之神埃里克汗的故事畢竟只是一個傳說，但一九二八年祕魯考古學者胡里奧·特洛（Julio Tello）在祕魯南部海岸帕拉卡斯（Paracas）沙漠半島上發現的數百個形狀怪異、後腦勺細長的頭骨，則進一步提供古外星人曾來到地球的可疑證據，他將這批頭骨命名為「帕拉卡斯細長頭骨」，並認為它們約有三千年的歷史。

二〇一五年學界對這一批頭骨的 DNA 檢測揭示了驚人的事實。頭骨的 DNA 出現了任何人類、靈長類動物或是其他動物都沒有出現過的突變，這些突變表明這批頭骨可能屬於一個全新的類人生物，與智人尼安德特人或是丹尼索瓦人截然不同。

一開始，面對頭骨的特殊形狀，部份考古學家認為這可能是人為捆綁造成的結果。可是進一步研究顯示，帕拉卡斯頭骨的形狀似乎並不是人為造成的，因為這些頭骨的顱骨在體積或面積上都比常規人類的頭骨大了25%，重量也要多60%。人為擠壓可以使頭骨變形，但不會改變顱骨的體積或重量。

另外，專家還發現帕拉卡斯四十四號頭骨沒有矢狀縫，要知道人類頭骨都是有矢狀縫的，矢狀縫是所有人類頭骨的頂骨之間都有的締結組織關節。人類在嬰兒時期這條縫是開放式的，為的是方便大腦的發育。隨著年齡的增長，矢狀縫會逐漸骨化，但是四十四號帕拉卡斯頭骨卻沒有這條縫。種種跡象表明，號帕拉卡斯頭骨的主人可能並非人類。

古埃及第十八王朝法老阿肯那頓（Akhenaten）就擁有與眾不同的細長頭部，有人認為這是近親繁殖的結果，也有人認為也許阿肯那頓擁有外星人基因。

## 5.2 地球出現最早的遠古外星人

據稱，有七個遠古的外星種族（稱為UNI-TERRESTRIAL，代碼：UNA）在地球開始了人類的文明。

關於人類進化的一些懸而未決的問題始於幾個世紀前，當時一項涉及七個不同外星種族前往地球的任務發生了災難。此訊息是從 PROJECT GENESIS III (G-III) - ADN6.2 - CR-7/26TSW-3 和 CLR-25/M6-722 - CLAS.ATR26/AC #672/B25，以及其他墜機地點的回收文物中獲知的。[3]

遠古時代這七組懷著遺傳研究和殖民使命來到銀河系「我們的太陽」（Sol）第三行星——Terra（或稱地球）的外星人其種族與任務分別是：

1.阿爾泰雷斯（Altaires）—（白種人）

任務：白種人與金色人共同被選為出任管理與組織任務

2.奇贊（Qal'Ats）—（黑種人）

任務：營建

3.圖塔凱・蒂科派斯（Tutakai Tikopais）—（黃種人）

任務：工程

4.卡西馬斯（Kasimars）—（藍種人）

任務：海洋學

5.苦水佤族（K'ushui K'hotans）—（綠種人）

任務：地質學與洞穴學

6.阿茲達爾（Ahzdars）—（紅種人）

任務：環境計劃

7. 卡斯潘・賈桑・佩甘斯（Caspan Jassan Paegans）—（金色人）

任務：見上文

古外星人的領頭羊是白種人的阿爾泰雷斯。他們的任務（依時間順序）如下：[4]

1. 區域劃分看起來更像他們原來的行星——泰拉（Terra）、火星（Mars）和輝騰（Phaeton）的分部。
2. 對地球爬行動物的研究，導致現在稱為恐龍的突變。
3. 哺乳動物突變研究。
4. 抹滅（殺死所有）恐龍。
5. 恆星 Sol（我們的太陽）的危機。
6. 原先任務的破壞。
7. 因任務破壞而遺留的倖存者及其心理問題。
8. 倖存者之間的戰爭。
9. 毀滅輝騰，創建小行星帶（範艾倫小行星帶，Van Allen asteroid belt）。
10. 倖存者。
11. 倖存者分離並創造了利莫里亞（Lemuria）、穆（Mu）和亞特蘭提斯（Atlantis）的古代文明。

12. 智人（Homo Sapiens）、人魚（Homo Mermanus）和內部人（Homo Interior）與倖存者在地球上共存。

13. 主灰人（ Dominium Gray）和北歐人（Nordic ）種族的新外星人登陸地球。

下圖是一張任務星圖，這是從墜毀的主灰人太空船上收集到的（資料來源：轉引自 Carlson, Gil. Blue Planet Project: The Encyclopedia of Alien Life Forms, Wicket Wolf Press, 2013, p.51）。比對此圖右下角四個外星字符與《傳奇——首部》頁411的埃本人寫作樣本，發現兩者有相似處，故推測該圖是由墜毀的埃本人太空船回收得到。

## 5.3 能量態的類星體外星人

另有一種能量／智能生命形式的外星人，稱為“ULTRA-TERRESTRIAL”（代碼：ULTRON）；他們沒有實質身體。該訊息是從 NCR/27B-01 MWC-2.B7 - AC“GODAR” 計劃以及其他墜機地點收集到的。這個外星人是在類星體（quasars）的中心產生的。

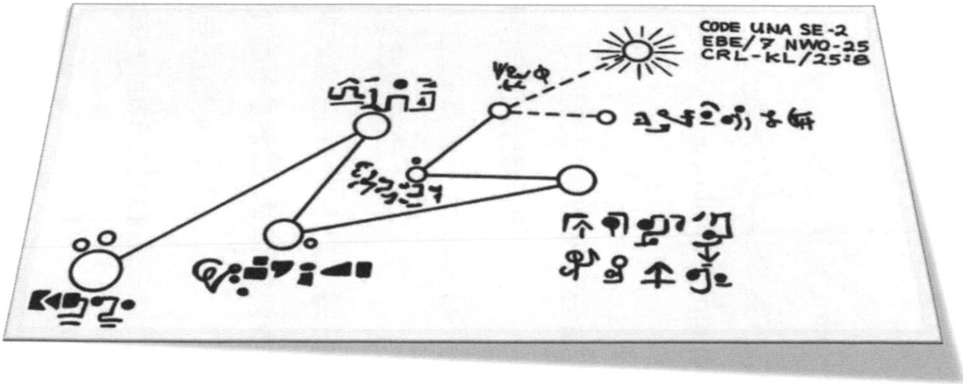

ULTRON是一種生活在純能量中心的敏感能量，它比在我們類星體中發現的物質 Solioa 更具有穩定的成分。

按：類星體是一個巨大且極其遙遠的天體，能發射出異常大量的能量，通常在望遠鏡中具有星狀圖像。有人提出類星體包含巨大的黑洞，可能代表某些星系演化的一個階段。

Ultrons 從一系列單一的電子進化到一系列更複雜的能量，創造了一個不知道個體思想或心靈的集體文明。Ultrons 是一個由初級精神能量組成的實體，在可見光、紫外線和 Kappa 輻射帶中發出強烈的輻射。就像「節點或地板」（Nodes or Foir）一樣作為 Ultrons 輻射發射的起源。

當光譜儀通過從 103.2 到 112 埃（angstrom）單位的紫外線範圍時，科學家觀察到這些 Foir 對於不同的波長不是恆定的；通過改變它們的相對位置，Ultrons 可以控制它們的發射強度。

Ultrons 通過電磁能感知維度和物體，它知道光通過各種介質的速度，它能夠判斷周圍的環境，就像地球蝙蝠能夠利用自己聲音的反射來避免飛入物體一樣。

Ultrons 的放射性本質是一種非物質存在，最適合哈欽森輻射分析（Hutchinson Radiation Analysis，簡稱 HRA）。在這種情況下任何能源的圖形表示，Ultrons 的生命光環在紫外線範圍內最強，HRA 是大多數配備傳感器的儀器的標準讀數，可以顯示波動的「莫爾圖案」（moiré pattern）。[5]

## 5.4 地球上的「非人」

「種族」（Race）區分了各種外觀截然不同的星際訪客。對外星生物學（exo-biology）（研究星際訪客生命的物理結構和過程的科學）進行更多研究，將幫助我們更了解我們正在處理的智能物種的數量。

政府已經對星際訪客（外星）生物學進行了大量的秘密研究，例如美國宇航局位於加利福尼亞州桑尼維爾（Sunnyvale）的艾姆斯研究中心（Ames Research Center）和新墨西哥州洛斯阿拉莫斯國家實驗室正在進行的工作。為方便起見，「種族」一詞將被使用來區分具有顯著不同解剖特徵的星際訪客。[6]

這裡的對象是來自古代地球生命的時空、維度或地球等之外的人，稱為 INTRA-TERRESTRIAL，代碼：INTERAV。長久以來，這些人一直居住在地球，其出現在地球的時間可能要早於智人出現在地球的時間，因此他們往往自認為是地球的原始居民，而人類不過是後來者。

該訊息是從 INAC/26.7B - AC 43.2、INAC-02 以及其他墜機地點收集到的。他們在幾個 EON（一個 EON 等於十億年的時間單位）之前來到地球，現在地球（或 Terra）也是他們的星球。

我們這裡說的是第七大種族，我們發現了兩個大種族生活在地球下面，其中一個種族是所謂的「爬蟲人」（Reptoids）。這些「爬蟲類」星際訪客的區別在於他們的皮膚，鱗片小而細，而不是光滑，他們的臉比人類大，黃綠色的眼睛，瞳孔呈「星爆」狀，眼睛通常是橢圓形，以及鼻子和嘴巴區域幾乎像鼻子一樣的鈍突，使這種類型具有幾乎像龍一樣的人形外觀。爬蟲人有非常強大的情感能量，有時非常強大，一位體驗者描述，「他們是如此敏感和善良，他們的心臟有德克薩斯州那麼大。」

(1)爬蟲動物（The Reptiloids 或 Reptoids）

界：動物

門：脊椎動物

綱：爬行動物（Reptilia）

目：獸

科：人科（Hominidae）

屬／種：撕裂人（Homo Lacerate）

物種等級：BETHA RDN-3

外星生命形式（OBS）：僅在特定設備附近生存，他們生活在以前的社會，擁有高度的技術。

爬蟲類數據：

・平均身高：

男：2.0米

女：1.4米

・平均重量：

男：200公斤

女：100公斤

・體溫：

男：環境溫度

女性：環境溫度

・脈搏／呼吸：

男：40／10

女：40／10

・血壓：

男：80／50

女：80／50

・預期壽命：

男：60個地球年

女：23個地球年

與所有爬行動物一樣，爬蟲人是冷血動物，被發現在溫暖的熱帶氣候中繁衍生息（通常在大洞穴中人工培育）。由於不完美的呼吸能力，只能提供剛好足夠的氧氣來供應組織和維持食物的加工和燃燒，他們的溫度只能比環境高幾度。生殖系統是卵單產的，卵子於出生前在輸卵管中孵化。不發達的爬蟲人小腦常導致緩慢而簡單的移動。爬蟲人眼睛由數以千計的微觀面組成，每個面都有自己獨立的保護蓋。醒著的時候，眼睛幾乎從不完全閉合；相反地，器官的一部分與主要光源一起關閉。[7]

註：爬蟲人在地球內部的一個地表下大洞穴「隱藏」著而倖存下來。

(2)昆蟲動物（The Insectoids）

界：動物

門：脊椎動物

綱：哺乳動物（Mammalia）

目：靈長類動物

科：類昆蟲

屬／種：類昆蟲人（Homo Insectoid）

物種等級：未知

外星生命形式（OBS）：未知

類昆蟲數據：

・平均身高：（主人階級）

男：1.6米

女：1.2米

・平均身高：（僕從階級）

男：1.0米

女：1.0米

・平均體重：（主人階級）

男：70公斤

女：40公斤

・平均體重：（僕從階級）

男：35公斤

女：35公斤

・體溫：

男性：華氏102度

女性：華氏102度

・脈搏／呼吸：

男：110／2

女：110／2

・預期壽命：

男：130個地球年

女：150個地球年

類昆蟲視網膜完全由對色調敏感的桿組成，無法區分不同波長的光。因此，為類昆蟲的視覺添加顏色是通過雙觸角實現的，雙觸角除了是聽覺接受體外，也由於它是由複雜的波長敏感錐體網絡組成，因此協助辨識不同顏色的物體。

由於天線的高度定向性，視覺的電暈被目標物以灰色色調感知。由於四個獨立的光感受器官有這種相關性，昆蟲類視覺可以正確地稱為「四角鏡」，從而產生相對（類人動物）優越的深度知覺。類昆蟲的聽覺能力高度發達，與類人動物相比，類昆蟲能夠從更廣泛的音頻頻率中進行區分。

由於具有單向天線，類昆蟲通常在傾聽對方說話時，會將頭部略微向下傾斜。註：他們的外骨骼有限。[8]

(3)一些種族，包括一些已經討論過的種族，在地球內部安家。如下所述：[9]

‧綠人：一部分倖存者，作為苦水佤族的一部分倖存下來。

‧金色人：卡斯潘‧賈桑‧佩甘斯的一部分倖存者，在地球東方部分的大群山中倖存下來。他們創造埃塞尼斯（Essenis）。

‧永恆族（The Eternals）——一些倖存的阿爾泰雷斯（Altaires）基因發生了突變，這導致變老的速度令人難以置信地放慢，使他們能夠無限期的生活很長一段時間。

‧藍種族（卡西瑪斯）——一些倖存的人創造了利莫里亞（Lemuria）、穆（Mu）和亞特蘭提斯（Atlantis）的新人種。倖存者現在生活在地球內部，一些亞特蘭提斯人生活在水下。

‧惡魔人（The Deviants）- 從卡西馬斯／昆蟲動物（非常危險和原始的生物）變異的倖存者。

惡魔（Demons）的傳說誕生自此地下異常種族（見照片5-1）。

**照片（5-1）　邪惡人（The Deviant）**

(4)元陸地（Meta - Terrestrial ）- 代碼：Meredith

他們是來自另一個時間／空間的外星人或來自另一個時間／空間的地球人。

META-TERRESTRIAL 訪客來自另一個時空。此訊息是從 CRM/26.06 - ABR-26 以及其他墜毀站點所收集的。時間旅行者——我們的文件只包含 Essassani 種族，他們是來自地球的人類與來自澤塔網狀座的外星人之間的雜交。

(5)平行陸地（PARA-TERRESTRIAL）——代碼：PARAMUS

他們是來自多宇宙的外星人。Para-Terrestrial 來自多重宇宙的幾個不同的平行宇宙。當它們加速或減速其原子結構的振動頻率時，它們就能夠存在於我們的第三維度。此訊息是從 IACT/26、OBR-32 - AC 204 (BANTY) 以及其他墜機地點收集的。

## 5.5 類人外星種族大觀園

我們的生物圈中有大約一六〇種不同的物種，他們來自宇宙的幾個不同地點。他們是類人生物，人類和非人類。

以下所談論的六個外星種族都是類人生物，他們在地球上停留的時間比任何其他外星種族都長得多，同時在人類的歷史上具有更大的影響力：

1. A型：里格爾人（Rigelian），來自參宿七（Rigel），是典型的灰人（Gray）
2. B型：來自澤塔網罟座1（也被稱為灰人，但並非真正的灰人）
3. C型：來自澤塔網罟座2（也被稱為灰人，但並非真正的灰人）
4. D型：來自獵戶座與昴宿星，或稱北歐人（Nordics）
5. E型：來自巴納德星（Barnard Star），稱為橙色人（Orange）
6. F型：高大白人（Tall Whites）

據稱，中央情報局和前納粹科學家在參宿七（Rigel）的類人生物（灰人，A型）的指導下，開發並部署了細菌和病毒的惡性菌株，包括愛滋病（AIDS），以消滅人口中的「不良分子」。參宿七的灰人有大（鼻子）灰人（見以下的灰人A型）與矮灰人（見§5.6）兩種。

小（矮）灰人，尤其是A型的小灰人幾乎完全沒有情感，但可以通過心靈感應調整自身，以適應不同種類的強烈人類情感，如狂喜或痛苦，從而獲得本身「高潮」。這能解釋為什麼幽浮總是出現在戰爭或破壞地區，因為那裡人類正處於衝突之中？

美國有一些外星人和人類結合的後代，這是我們政府社會學實驗的一部分。綜觀有記錄的歷史，以及史前時代，北歐人種族一直在與以上所提到的七個遠古外星種族（Uni-Terrestrial）的倖存者進行雜交遺傳，以便繁殖出進化程度較低（與北歐人相較）的受影響的倖存者。

以下是一些外星類人生物分類的簡要說明：[10]

(1)灰人A型

A型是參宿七星的大鼻子灰人。這些灰人是美國政府與之簽訂條約的人。有關這型灰人的進一步描述如下：

基本數據：

- 高度大約為三點五到四點五英尺。一些大約五英尺，他們的重量約為四十磅。
- 兩隻半圓的大黑眼睛，沒有瞳孔。眼睛杏仁狀，細長，深陷，相距很遠，略微傾斜，看起來像「東方」或「蒙古人種」。
- 與軀幹和四肢的大小相比，頭部顯得較大。
- 沒有耳垂或超出頭部兩側耳孔的突出的肉。
- 鼻子長而模糊，兩個鼻孔只顯示出輕微的突起。
- 有一個沒有嘴唇的小「狹縫」，開口成一個嘴形小口腔，似乎並非作為說話交流的工具或食物攝取的孔口。
- 脖子細薄；在某些情況下，由於身體某部分的衣服遮掩而看不見。
- 頭部無毛。
- 軀幹小而薄。
- 通常他們穿著金屬質但有彈性的衣服。

- 手臂細長，向下延伸到身體的膝蓋部分。
- 雙手各有四個手指，沒有拇指。每隻手上的兩個手指看起來比其他手指長。他們有長指甲。每個手指之間存在輕微的織帶效果（webbing effect）。
- 腿短而細，腳像猩猩的腳。
- 沒有牙齒。
- 皮膚呈某種米色、棕褐色、黃褐色或粉灰色。質地像鱗片或爬行動物，在平滑肌或骨骼組織上可拉伸、有彈性或可移動。沒有橫紋肌，有輕微的汗水和非常特殊的體味。在放大鏡下，皮膚結構組織呈網狀，或類似水平垂直線的網格網絡。此種質地可能與顆粒狀皮膚的蜥蜴（例如鬣蜥和／或變色龍）之質地相似，至少可能與其他類型的外星類人生物相似。
- 沒有明顯的生殖器官，也許是因為進化或退化而萎縮了；性器官的缺失表明克隆繁殖系統可能很普遍。
- 外星人似乎是由某種模具形成的，他們具有相同的面部特徵。
- 體內多見的無色液體，不含紅細胞。無淋巴細胞，非氧氣載體。目前沒有明顯或已知的食物或水攝入量的證據。據信，目前可能永遠不需要食物，沒有消化系統或胃腸道，沒有描述腸道或初級運輸道或直腸區域。
- 存在多種解剖結構。

・目前尚不清楚他們的壽命。

以下的灰人B型與C型都稱為澤塔人（Zetas），他們是最常見的星際訪客種族，有許多變種。這些大小和外觀細節的變化可能代表不同行星的起源。這個澤塔種族被普遍地，但相當不準確地稱為「灰人」（Greys）。

澤塔人通常被刻畫為：矮小、直立、兩條腿、三英尺半高、灰白色皮膚、大而無毛、胎兒形的頭、巨大的、全黑、傾斜、杏仁狀的眼睛，沒有瞳孔或眼瞼，眼睛部分環繞頭部的太陽穴兩側，窄下巴幾乎呈V形，鼻孔很小但沒有鼻子，小而薄至近乎無唇，水平的嘴巴，沒有肋骨和明顯的生殖器，軀幹薄，細長至延伸到膝蓋的驚人強壯手臂，同樣長而非常細的腿，以及三隻長而非錐形及無關節的手指（總共有四根手指），末端是爪子而不是指甲，但沒有拇指。

可以肯定的是，以上這樣的一個種族是存在的；或者至少有一個種族是另一個的變種。然而，也有其他多種變種：[11]

・五英尺高的澤塔人
・七英尺高的澤塔人
・具有蘑菇白皮膚的澤塔人
・棕色皮膚的澤塔人
・黑色皮膚的澤塔人

- 澤塔人的大眼睛有一層薄薄的瞬膜，可以延伸到整個眼睛
- 有著深藍色眼睛的澤塔人
- 澤塔人頭上有細小的頭髮
- 四個手指的澤塔人
- 三個或四個手指的澤塔人，加上另一個手指位在人類拇指所在的位置
- 澤塔人手指末端有吸盤狀尖端

有一組星際訪客，理查德．博伊蘭博士稱他們為「爪哇人」（Jawas），因為他們與電影《星球大戰》（*Star Wars*）中的生物相似。這個群體的特點是他們的穿著；他們戴著兜帽和長袍，一般都很矮（三到四英尺半高），他們的臉被兜帽投下的陰影遮住了。有時，幽浮上會有一個更高的頭戴長袍的人，當被綁架者躺在訪客醫療台上時，前者經常站在他／她的左邊。

這個高大的人似乎指導著程序，並且經常是一位與被綁架者進行心靈感應交流的人。一些被綁架者注意到「爪哇人」的頭罩下有一雙發光的眼睛。其他被綁架者說，當他們瞥見面部被兜帽遮住的生物時，那是一種類型的澤塔人（Zetas）。還有一些人既沒有看到頭罩下發光的眼睛，也沒有看到澤塔人的樣子，而是永遠無法區分頭罩下陰影中的特徵。[12]

(2)灰人Ｂ型

灰人Ｂ型是來自澤塔網罟座Ｉ的灰人，這些灰人也與美國政府有條約。

不明飛行物上經常有混合種族的工作人員。在這種情況下，可能會有「爪哇人」、「螳螂」類型、「爬行動物」或澤塔人，在執行科學或醫療任務時加入協調，共同合作。

基本數據：

・生理學或多或少與里格爾灰人的生理學非常相似，他們有男性和女性之分。不同之處在於他們需要食物才能生存，他們喜歡乳製品的蛋白質，進行無性繁殖。

(3)灰人Ｃ型

Ｃ型是來自澤塔網罟座２的灰人，這些灰人是我們星球的外星研究人員。灰人Ｃ型的代碼：EBEs，通常稱為灰人（Greys），他們是來自第三維度（即我們的維度）的外星人，或來自地球外的外星人。這些訊息是從 IAC - XXXX - P14AB 和 IAC - XXXX - P14NR 以及其他墜機地點收集的。

EBE 是給一九四七年新墨西哥州羅斯威爾墜毀的第一個活外星人的名稱，最後死於囚禁。下圖是一張從墜毀的外星飛船內水晶存儲設備收集到的星圖，圖內顯示地球與各個鄰近外星族群家鄉的相對位置（資料來源：轉引自 Carlson, Gil. Blue Planet Project: The Encyclopedia of Alien Life Forms, Wicket Wolf Press, 2013, p.62）：

(a) C1型

・生理學就像澤塔網罟座1；不同之處在於眼睛，他們有黑色的大瞳孔。

・他們有耳垂。

・C1型灰人，與澤塔網罟座1的複製類型相同。

・嘴巴有小嘴唇和喉嚨，可以用語言說話。

(b) C2型

・與C1型不同之處在於頭部的形狀。

・C類第二型灰人，有尖耳垂。

・體形比澤塔網罟座2的第一類型小。

・繁殖是由一個蛋完成的。

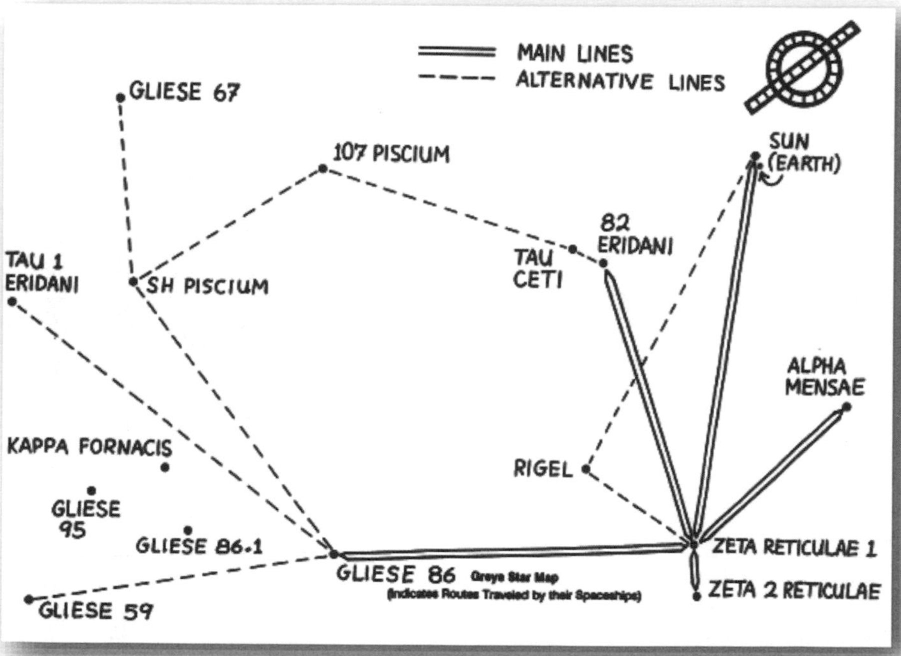

(4)北歐人D型

D型是北歐人，北歐人通常是金髮碧眼的人形生物。北歐人（或昴宿星人）幾乎與人類無法區分。事實上，美洲原住民和其他土著人的傳統顯示，他們起源於昴宿星團、天狼星、獵戶座和其他恆星系統中這些長得像人的訪客的世界。如果你給這些「北歐」訪客中的一個戴上一副太陽鏡，他們就會與斯堪地納維亞裔美國公民沒有區別。北歐人通常對人類友善，但這並非通則。據科里·古德的訊息，有一群消極的北歐人與德拉科（Draco）一起工作。他們有六個手指，而天龍爬行動物——德拉科正在「吃掉」一些因人口販賣而失蹤的人。[13]

基本數據：

·平均身高：

男：2.0米

女：1.7米

·平均重量：

男：90公斤

女：70公斤

·體溫：

男性：98.6華氏度

女性：98.6 華氏度

·脈搏／呼吸：

男：72.5／16

女：72.5／21

·血壓：

男：120／80

女：80／50

·預期壽命（關於北歐人的壽命宜持保留觀點，有些來源指出他們的壽命極長於人類）：

男：60 個地球年

女：23 個地球年

他們來自多種地方，但主要來自昴宿星團和獵戶座星系。

註：一些膚色較黑或頭髮較黑的較小型北歐人曾被發現。關於這個分支的數據仍然不足。

(5)橙色人 E 型

橙色人通常是一種紅頭髮的人形生物，他們來自巴納德星（Barnard Stars）。

基本數據：

．平均身高：

男：2.0米

女：1.7米

．平均重量：

男：70公斤

女：50公斤

．體溫：

男性：華氏91度

女性：華氏91度

．脈搏／呼吸：

男：242／61

女：242／61

．血壓：

男：80／40

女：80／40

(6)高大白人F型

以下提到的高大白人與北歐人同樣是白人，兩者常被混為一談，認為是同一種族，實則不是。前國家安全委員會顧問科學家邁克爾・沃爾夫博士（Dr. Michael Wolf）宣稱與他合作過的類人種族為「北歐人」，這與空軍霍爾的高大白人不同。沃爾夫說：「閃族人（Semitics）和北歐人來自Altair 4和5以及昴宿星團（Pleiades）。」然而，霍爾認為高大白人的家鄉世界靠近大角星（Arcturus）系統。除此，北歐人的頭髮呈金黃色，而高大白人的頭髮則是雪白色。查爾斯・霍爾（Charles Hall）將高大白人描述為在某些方面看起來非常人性化，身高在六到七英尺（一點八到二點一米）之間。他說他們的皮膚呈粉白色，體格顯得虛弱和消瘦。它們的壽命顯然比人類長得多，而且據說在晚年其身高達到更高的高度。高達九英尺（二點七米）。因此，此處將其與北歐人分開來敘述。

關於上文提到的閃族人，沃爾夫描述說，他們身高中等，外表與人類相似，除了非常大的鷹鉤鼻。「這是在六十年代於新墨西哥州霍洛曼空軍基地降落的種族，他們並與那裡的一些將軍交談。」

高大白人的主要敘述來自前美國空軍士官查爾斯霍爾，他描述了一個他稱之為高大白人（Tall Whites，之後稱為「高大白」）的外星種族。這個種族起源於大角星（Arcturus）附近的一個位置。這些高大的白人成年後大約有六英尺高，通常具有人形特徵。他們有一頭白金色的頭髮，通常剪得很短，而女性則傾向於將頭髮剪成女性化的短髮。他們是藍眼睛，有比人類更大的眼睛，部分地環繞在頭部的一側。高大白在其他方面看起來很人性化，只是他們的皮膚是粉白色的。他們有精緻的五官，嘴巴很小，其手有四個手指（fingers），但全部有五個指頭，其末端不是指甲，而是更硬的、兩英寸長的爪狀附屬物。他們的皮膚被描述為類似於桃子絨毛或柔軟的絨毛型皮膚，看起來像羽毛或毛皮，但不像人類於現實中所看到的羽毛或毛皮。

高大白的典型服裝是鍍鋁的粉筆白色帆布面料連身衣。他們還戴著相同材質的手套，以及像騎摩托車一樣的開放式白色頭盔。套裝和頭盔都發出三英寸寬的柔和白色熒光場。這種發射光的強度可以從柔和到太亮而無法輕鬆觀看。

這些高大白具有非常高的智力和訊息處理速度，霍爾估計比聰明人快三點五倍。他們的技術同樣先進，他們的一個技術是他們穿上的運輸服，能提供個人反重力懸浮和地上運動，以及防止攻擊的力場保護，例如，將子彈減速到它會落到預期的地面。

另一個技術是他們的航天器。他們經營較小的偵察船，可以運送有限數量的人。然後他們擁有可以在恆星系統之間旅行的深空飛船。他們的偵察船是白色的，橢圓形或蛋形的，底部是模壓的。每一邊都有一排大窗戶，有點像飛機。大小與旅客列車的柴油機相當，前面有兩個窗戶，很像火車柴油機。這些偵察船的射程遠至月球甚至火星。但不是深空。

他們的深空飛船是非常大、光滑的黑色反重力飛船，高七十英尺，寬三百英尺，長五百英尺。這些船隻也有引導（pilot）窗，並且沿其邊緣有規則間隔的行車燈。這些深空飛船的行程範圍延伸到太空許多光年，它們的最高速度大大超過了光速。[14]

## 5.6 陰險狡詐的里格爾人

KRLL 或 KRLLL 或 CRLL 或 CRLLL（發音為 Crill 或 Krill）是第一次霍洛曼登陸時留在美國政府身邊的人質，作為保證外星人將執行那次會議期間達成的基本協議的一部分。KRLL 為美國提供了黃書的基礎，後來由外星人訪客完成（按：這部份的敘述與 §3.1 有別，或者 KRLL 提供的「黃書」與埃本人提供的「黃書」非指同一件東西!?）。

KRLL 生病由 G. Mendoza 博士護理，後者成為外星生物學（Exobiology）專家。KRLL 的訊息以化名 O.H. Cril 或 Crill 傳播。KRLL 成為里格爾人（Rigelian）駐美國大使，常有關於 KRLL 死亡的傳聞。我們不知道傳聞是否真實。（按：G. Mendoza 博士是為一九四七年墜機的 EBE1 護理，並非為一九六四年來訪美國的 KRLL 護理，但也有可能他為兩者護理？）

四手指的里格爾人是矮灰人中常見的主流人種，他們也是迄今為止所代表的典型惡意外星生命形式（ALF），描述如下：[15]

- 高度在三到五英尺之間。
- 直立兩足動物，細長的腿。
- 小身材（薄）。
- 頭比正常大（與人類的比例相較）。

- 沒有耳垂（外耳垂）。
- 沒有體毛。
- 淚珠狀的大眼睛，不透明的黑色與垂直狹縫瞳孔（類似貓眼）。
- 眼睛傾斜約三十五度。
- 小直嘴，薄唇。
- 手臂像螳螂（正常姿勢），手臂伸直時可伸到膝蓋。
- 手長，手掌小。
- 爪狀手指（兩個短的，兩個長的蹼手指）。
- 堅韌的灰色皮膚，質地像爬行動物。
- 帶有四個小爪狀腳趾的小腳。
- 有些器官與人類相似，但在不同的進化過程中發育。
- 最重要的發現是他們的消化系統沒有功能，並且有兩個獨立的大腦。被檢查者的消化系統萎縮，這些仍然只是初步的發現。
- 動作刻意、緩慢且精確。
- 墜機現場研究後的次要發現：
- 外星人的生活條件要求他們必須有人類血液和其他人類生物物質才能生存。

・在極端情況下，他們可以依靠其他動物體液生存。
・通過光合作用，葉綠素將食物轉化為能量，廢物通過皮膚排出體外。
・這些生物有兩個獨立的大腦，由中顱側骨分隔開前腦與後腦，這兩者之間沒有明顯的聯繫。
・ALFs 提供了大量關於外星人及其歷史的訊息，被稱為「黃皮書」。
・因為外星人有說謊的傾向，我們不能百分之百確定「黃皮書」裡面的所有訊息。
・LUNA-1 是月球另一側的里格爾人基地，抑或它是位在一些科學家說的月球背面。阿波羅宇航員看到並拍攝下來。是一個基地，一個使用超大型機器的採礦作業，以及在目擊報告中被描述為「母艦」的超大型外星飛船存在那裡。
・威尼斯特（Wavenest）是位於大西洋的里格爾人基地。一個水下外星人基地，那裡有採礦和大雪茄形狀的飛船。

以下是對里格爾矮灰人的一些評論：

政府與外星生物實體（EBEs）之間的原始聯繫是在一九四七年和一九七一年之間發生的，他們通常是灰色的，大約三英尺半到四英尺半高，來自參宿七（Rigel）星系統（以下稱為灰人）。灰人在殘害動物和一些人類方面發揮了重要作用，他們同時正在使用來自這些食物的腺體物質（通過他們的皮膚吸收），並在他們的地下實驗室複製更多的灰人。

政府堅持要求灰人向他們提供一份提交給國家安全委員會的清單（此清單從未完成）。這一切政府認為灰人雖然有點令人反感，但基本上是可以忍受的生物。他們當時認為，公眾會能夠習慣他們的存在並不是沒有道理的。從一九六八年到一九六九年政府制定了一項計劃，準備使公眾意識到灰人在接下來的二十年中的存在。該段時期將以一系列紀錄片的出現達高潮，這些紀錄片將解釋小灰人的歷史和意圖。

灰人向政府保證，綁架的真正目的是監視我們的文明，當政府得知綁架比他們想像的要頻繁和陰險得多時，他們開始擔心。他們的擔憂還基於關於綁架目的的其他訊息。當政府發現灰人意圖的真相時為時已晚，他們已經錯誤地「出賣」了人類。灰人早就打算留在這裡，在這裡他們將始終控制地球。

灰人之所以如此專注，顯然是因為他們缺乏正式的消化道，而且他們直接透過皮膚吸收營養和排泄廢物。他們獲得的物質與過氧化氫混合併塗在他們的皮膚上，從而吸收所需的營養。由此推斷，一些針對他們的武器可能是朝著這個方向發展的。

灰人竭力向多個權力機構滲透，其中就包括中央情報局，它的核心被小灰人深深控制。中央情報局將與灰人的互動視為獲得更大科學成就的途徑。灰人還與一些不明飛行物狂熱分子合作，向他們撒謊並利用他們。灰人最終的邪惡是被掩蓋了，這是一種心理上的自滿，最終導致人們堅持一種集體哲學，而放棄了自我的視野。一旦你意識到自己是一個所謂的「被選中的特殊群體」，你就走上了墮落的道路。這是任何社會和文化中毀滅的種子，將使人變得脆弱。

## 5.7 地球最大的外星基地

在小灰人佔領期間，他們在世界各地建立了相當多的地下基地，尤其是在美國。其中一個基地位於新墨西哥州道西（Dulce）西北約兩英里半的阿庫萊塔台地（Archuleta Mesa）之下。有關該基地的詳細資訊可以透過幾個不同的來源獲得。

這是自一九七六年以來建在阿庫萊塔台地和吉卡利亞．阿帕奇（Jicarilla Apache）印第安人保留地下方的一公里地下基地，是美國受殘害最嚴重的地區之一。該共同營運的設施是作為美國政府和 EBEs 之間正在進行的合作計劃的一部分。柯特蘭（Kirtland）和霍洛曼（Holloman）空軍基地以及世界各地的其他許多基地（包括英格蘭的本特沃特斯 ,Bentwaters）也設有地下基地。

阿庫萊塔台地的地下基地位於道西西北兩英里半處，幾乎可以俯瞰整個鎮，因此稱之為道西基地。有一條三十六英尺寬的平坦高速公路進入該地區，這是一條政府道路。該基地自一九四八年以來一直存在，該基地有四千英尺長，直升機在那裡進進出出。一九七九年，發生了一些事情，基地暫時關閉。有一場關於武器的爭論，我們的人被趕走了，外星人殺死了我們六十六人，而有四十四人逃跑了。其中一個逃跑的人實際上是一名中央情報局特工，他在離開前做了一些筆記，得到了一些照片和錄影帶，然後躲了起來。從那以後他一直躲著，每半年他都會聯繫留有這些資料的人。他聲稱，如果他連續錯過四次面試，這些人就可以對這些資料做任何他們想做的處理。

不知何故，一九八七年十二月許多幽浮研究人員突然收到了《道西論文》。論文是由大約二十五張黑白照片、沒有對話的錄影帶和一組文件組成，該組文件包含有關美國和外星人共同經營的設施相關的技術訊息，該設施是位在新墨西哥州道西附近阿庫萊塔台地下方一公里處的基地。該設施仍然存在並且正在運行中，據信還有四個相同類型的附加設施，其中一個位於內華達州格魯姆湖（Groom Lake）東南幾英里處。

這些論文包含的內容其一般描述是，它們包含討論銅和鉬（Molybdenum）、鎂和鉀的文檔，但主要是關於銅的論文。帶有圖表和奇怪圖表的紙頁是討論紫外光和伽馬射線的論文。這些論文講述了外星人在尋找什麼，「Metagene 的秘密」以及如何使用從牛和一些人身上提取血液。他們解釋了為什麼有些外星人似乎透過將手浸入血液來吸收分子（有點像海綿吸水）以獲取營養。他們想要的不僅僅是食物，牛和人類的 DNA 也正在被改變。

為什麼將「一型」（Type-One）生物用作實驗室動物，以及如何改變動物原子以創造一個臨時的，幾乎像人類的人。這是用動物組織製成的，依賴微型計算機來模擬記憶，這是計算機從另一個人身上提取的記憶，創造出某種克隆體（Clone）。這些「幾乎是人類」或克隆人的生物看起來有點緩慢和笨拙。真正的人類被用於訓練、試驗與繁殖這些「類人類」。這些「類人類」有些被保存在大試管中，並在琥珀色液體中存續活力。

有些人類被洗腦並被用來扭曲事實，某些男性的精子數量很高，並因此而活著。他們的精子被用來改變DNA並創造一種無性別的稱為「二型」（Type-Two）生物。

精子以某種方式生長並再次改變，放入子宮。它們在成長時像極醜陋的人類，但在完全成長時看起來很正常，從胎兒的大小到完全成長只需要幾個月的時間，但它們的壽命很短，不到一年。

一些女性人類被用於繁殖，隨後，無數女性在懷孕大約三個月後突然流產，有些人不知道自己懷孕了，其他人記得通過某種方式聯繫過。胎兒被用於混合第一型和第二型DNA。該胎兒的結構在三個月時被取出，並在其他地方生長。

論文還包含一些用鋼筆和墨水複製其中一個子宮樣子的二英尺乘四英尺的繪圖，插圖顯示其中一個含有「幾乎是人類」的生長管，一頁顯示了一個簡單的圖表晶體金屬、純金晶體，以及看起來像基因或冶金圖或圖表的圖，同時還附上了看起來像X射線衍射圖和六方晶體圖的圖，並說明這些是最適合導電。論文中的後半部分似乎適用於船體結構的超結晶金屬，或類似的東西。

顯然，從某個角度來看，這些都是相當奇怪的，任何觀點實際上都是有多年描述和大量佐證支持的資料，這必定意味些什麼。從《道西論文》的資料來看，以及多年來積累的數據可以看出，為何世界各地都有地下基地和隧道綜合體，而且還有更多一直在建造著。[16]

## 5.8 航磁與重力異常！幽浮搞的鬼？

一位名叫盧田（Lew Ten）的人一直在研究有關幽浮可能使用的地磁異常（Geomagnetic

Anomalies）資料。他的發現可能有一些啟發性。

在向美國地質調查局購買了航磁和重力異常圖後，很明顯這些地區和幽浮之間確實存在有效的聯繫。盧田在亞利桑那州就這種關係進行了一次演講，他受到聯邦調查局的騷擾，後者告訴他該訊息過去及現在都很敏感。盧田先生接受了這個指示，此後拒絕他往常一直做的那種公開論壇。航磁（aeromagnetic）和重力（Bougier Gravity）圖都可指出基本場強（field strength），以及高場強和低場強的區域。

最大和最小場強區域透露了以下一些訊息：[17]

- 所有這些地區都有相當頻繁的幽浮目擊事件。
- 全部都在印第安人保留地、政府土地中，或者政府正試圖購買的土地。
- 其中許多，尤其是幾個聚集在一起的地方，疑似是根據地和／或歷史上發生過動物殘割和人類綁架事件的地區。

在這些觀察中，盧田更進一步指出，有時在這些地區看到幽浮。通過潛心研究，他發現目擊事件以及許多綁架和殘害事件發生在以下時機：

- 出現新月時或新月前兩天內。
- 滿月時或滿月前兩天內。
- 在近日點（當月球離地球最近時）或在近日點前兩天內。

對於時間和事件的巧合，似乎沒有具體的解釋，但似乎是真的。

里格爾灰人的主要基地如下：

美利堅合眾國（地球）

- 阿拉斯加州費爾班克斯（Fairbanks）
- 內華達州格魯姆湖（Groom Lake）
- 新墨西哥州道西（Dulce）
- 猶他州
- 科羅拉多
- 加州
- 德克薩斯州
- 佛羅里達
- 喬治亞州
- 緬因州
- 紐約
- 新澤西
- 懷俄明州

大西洋（地球）

・韋維斯特（Wavenest）

月亮

・Luna-1

・Luna-2

外星生命形式 -1：沒有關於歐洲、亞洲、大洋洲、非洲、美國中部和南部基地的報告

外星生命形式 -2：沒有關於北歐人基地或任何其他外星人的訊息。

## 5.9 外星灰人心理學

里格爾人，無論是透過進化還是因為人形類型的構建，都會表現出不良邏輯的傾向。他們似乎比正常人有更多的弱點和心理弱點。他們是不值得信任的，因為里格爾人明顯的邏輯系統顯示，沒有更高的權限就無法做出關鍵決定。所有人都在他們所謂的「守門員」（The Keeper）的控制之下，但即使這也不是最終的權威。有時可能會出現長達十二到十五小時的延遲才會做出決定。

由於這種明顯的控制，里格爾人的個人即時決策是有限的。如果他們的計劃稍微失衡，他們就會感到困惑。從心理上講，他們的士氣幾近崩潰。等級中存在明顯的分歧，即使與類人生物之間，

因為他們自己內心的脆弱，（在思想上）彼此之間也存在明顯的分歧。他們之間也缺乏基本信任。

里格爾人似乎完全以死亡為導向，因此，絕對以恐懼死亡為導向，（這對我們來說是一種心理優勢）。發現、探測和測試的主要和薄弱區域正是我們所想的，他們的思想「是他們的關鍵力量，以及他們用來操縱和控制我們思想的東西。」

逆向操縱，透過使用逆向心理學，我們可以讓他們面臨一種情況，即他們有一個脆弱的綜合弱點，我們可以用來對付他們。[18]

灰人善於利用心理操縱，為了某種目的，爬蟲人有時也會利用心理影響力將自己偽裝成人類。理查德·博伊蘭博士曾遇到過這樣的報告，其中被綁架者認為他／她正在處理的星際訪客似乎是一個人類。然而，在某些情況下，這竟然是由星際訪客在被綁架者腦海中強加的心理想像，即所謂的「屏幕記憶」（screen memory）。仔細觀察，被綁架者能夠在心理強加的「人類」面具後面看到星際訪客的真實非人類面孔。

理查德描述的這種心理隱形體驗的變化發生在一位相信她遇到了人類「太空人」的被綁架者身上。他邀請被綁架者仔細地觀察「人類太空人」的臉。說到這裡，她忽然被嚇了一跳。「哦，天哪，」她說，「它畢竟不是人類。它是灰人。」理查德建議她仔細研究一下澤塔訪客的臉。一驚，她看得出這是一個「爬蟲人」，之前該爬蟲人在心理上將自己偽裝成澤塔人。

最後理查德·博伊蘭博士認為，事實上星際訪客的訊息告訴我們，我們是智能生命的特殊變體：部分是地球靈長類動物，而部分是星際訪客的智能生命形式。因此，當我們任何人遇到星際訪客時，我們確實是遇到我們的「遠房表親」。[19]

## 註解


1. Clements, Colleen D. The Order of the Dragon: The Battle Between the "Other History" and the Accepted History (BookSurge Publishing, 2006) and The White Island and Block Book: The Scientific and Philosophic Re-Creation of the Suppressed Eurasian Culture (BookSurge Publishing, 2008).
2. Dolan, Richard. The Alien Agendas – A Speculative Analysis of Those Visiting Earth. Richard Dolan Press (Rochester, New York), December 2020, pp.11-19
3. Carlson, Gil. Blue Planet Project: The Encyclopedia of Alien Life Forms, Wicket Wolf Press, 2013, p.46
4. Ibid., pp.50-51
5. Ibid., pp.51–52
6. Richard Boylan, Ph.D., The Various Kinds of Star Visitors. https://www.bibliotecapleyades.net/vida_alien/alien_starvisitors.htm

7. Ibid., pp.53-55
8. Ibid., pp.56-57
9. Ibid., p.58
10. Ibid., pp.72-76
11. Richard Boylan, Ph.D., The Various Kinds of Star Visitors. https://www.bibliotecapleyades.net/vida_alien/alien_starvisitors.htm
12. Ibid.
13. Justin Deschamps, Notes and Commentary from Mount Shasta Secret Space Program Conference. September 8, 2016 http://www.theeventchronicle.com/uncategorized/notes-commentary-mount-shasta-secret-space-program-conference/
14. Ibid.
15. Ibid., pp.61-64
16. Ibid., pp.66-68
17. Ibid., p.69
18. Ibid., pp.70-71

19. Richard Boylan, Ph.D., The Various Kinds of Star Visitors.
https://www.bibliotecapleyades.net/vida_alien/alien_starvisitors.htm

# 參考書籍


1. Beckley, Timothy Green, Christa Tilton, Sean Casteel, Jim McCampbell, Dr. Michael E. Salla, Leslie Gunter, Bruce Walton. Underground Alien Bio Lab At Dulce: The Bennewitz UFO Papers. Global Communications (New Brunswick, NJ). 2009
2. Branton (aka Bruce Alan Walton). The Dulce Wars: Underground Alien Bases & the Battle for Planet Earth. Inner Light / Global Communications, 1999
3. Carlson, Gil. The Yellow Book. Blue Planet Project Book #22, Kindle Edition, 2018
4. Carlson, Gil. Blue Planet Project: The Encyclopedia of Alien Life Forms, Wicket Wolf Press, 2013
5. Davenport, Marc. Visitors from Time: The Secret of the UFOs. Revised Edition, 1994, Greenleaf Publications, Murfreesboro, TN
6. Dolan, Richard. The Alien Agendas – A Speculative Analysis of Those Visiting Earth. Richard Dolan Press (Rochester, New York), December 2020
7. Dorsey III, Herbert G. Secret Science and The Secret Space Program. Hebert G. Dorset III Publishing, 2015.

8. Hawking, Stephen. A Brief History of Time, the updated and expanded tenth anniversary edition. Bantam Books (New York, NW), 1998

9. Kasten, Len. Secret Journey To Planet Serpo: A True Story of Interplanetary Travel, Bear & Company (Rochester, VT), 2013

10. Kasten, Len. The Secret History of Extraterrestrials: Advanced Technology and the Coming New Race. Bear & Company (Rochester, Vermont), 2010.

11. Mortimer, Nigel. UFOs, Portals & Gateways, Wisdom Books (North Yorkshire, England), 2013.

12. Ryan, John Oliver, It's Really About Time: The Science of Time Travel. Tahilla Press, Woodside California, 2020.

13. Salla, Michael E., Ph.D., The U.S. Navy's Secret Space Program & Nordic Extraterrestrial Alliance. Exopolitics Consultants (Pahoa, HI), 2017.

14. Salla, Michael E., Ph.D., Insiders Reveal Secret Space Programs & Extraterrestrial Alliances, Exopolitics Institute(Pahoa, HI), 2015

15. Tompkins, William Mills, Selected by Extraterrestrials: My life in the top–secret world of UFOs, think-tanks and Nordic secretaries. Edited by Dr. Robert M. Wood, CreateSpace Independent Publishing Platform (North Charleston, South Carolina), December 9, 2015.

《外星人研究權威的第一手資料》
呂尙(呂應鐘教授)著

定價:380元

外星人即將公開與人類正式對話，你準備好了嗎？

地球人注意了！外星人透過日本農民傳訊，揭示地球人該提高自己的心靈維度，拋棄自私及私慾，對他人多付出愛心的實例，你聽過嗎？在北京，外星人藉由一位女士「傳輸思想」告誡地球人要努力解決空氣汙染、環境保護與核子武器等問題，以免人類走向滅亡。

外星人的聲音，你聽到了嗎？

本書作者的第一手資料，讓地球人對外星人升起更多的好奇與探索；究竟外星人從什麼時候開始出現的？外星人出現的模樣大概是怎麼樣的形色與模式？種種的疑惑，作者用中華文化豐富的史料中，將時間軸橫跨約5000年的時間，完完整整並徹徹底底地羅列出古代不明飛行物體（幽浮）優遊於各地的紀錄。從古代經典的考究，到現今作者的眞實見證，外星人將驅動著人類探索生命的無限可能。

對於未來的「星」世紀時代，作者也呼籲地球人要能做知識的整合以因應宇宙生命的總體學問。如飛碟既然是外星高等科技的航具，對於如何製造飛碟的機械工程、材料科學、控制系統、導航系統、電子工程等是人類的必要工程基礎；而佛經中許多充滿宇宙各處生命生存的描述、充滿宇宙形成與毀壞的自然科學過程，闡明多維時空的構成與存在等議題，都是多維時空中高等生命和地球衆生的關係，因此宗教哲學、歷史學、神話研究等等領域也成爲與時俱進不可或缺的研究課題。

最後，作者期盼當今地球人能從過去「唯物科學」的表相思維邁向「宇宙生命科學」的高維思想，用「開放的心胸、前瞻的態度、包容的思維」來思考好奇的現象，方能了悟宇宙眞相。

**《心經的宇宙生命科學：一探圓滿究竟的千古般若智》**
呂尚(呂應鐘教授)著

定價:250元

呂教授從核子到宇宙、從物質到量子、從科學到佛學，用最容易懂的現代科學語言讓您快速體悟心經空性的智慧。歷來研究佛經的許多專家學者，大多用哲學的方法把佛經講解的十分詳盡，但本身並不一定能夠從中實際了悟無我、無相的空性智慧，所謂世人終日，口念般若，不識自性般若，猶如說食不飽。

以佛法的觀點，我們肉眼所看的世界是緣起的現象，而不是被某主宰者所創造出來的，這是佛教與其他宗教最大的不同看法。就緣起論而言，萬事萬物都不可能獨立存在，它是互爲依存的一體性。例如一個國家的存在，必須要有土地、人民、資源、立法、憲法、國會、各個機關……等等運作。一個生命體則必須有父精母血，再加上精神體的合和，一個物體則必須由原子的不同排列組合而成。

佛教講物質最小的單位「極微」。現在科學以量子纏繞理論已經證實，最小的量子也是緣起論，也就是最小的量子都不是獨立存在，它是正負同時交互作用而存在，並沒有一個眞正實體存在，而只是一種空性的能量態，而且本質上是非空非有。「光的波粒二重性」的量子理論，說明光不只是個連續波，也具有粒子的特性，光可以是波同時又是粒子，同樣「物質也具有波粒二重性」。能量與質量之間是可以互攝互入，並且也是可以互相轉換。

從宇宙生命科學的角度，這無窮的宇宙乃是由「能」而後產生「極微」，由「極微」因緣聚合而成「原子」，由「原子」而成「元素」，由同「元素」的聚合而成「分子」，同元素分子的游離，與他種元素分子因緣相遇而產生化學變化，互相結合而形成萬物。而「能」即是空性的作用。因此每個人的「起心動念」必定會產生能的作用，這也就是爲什麼要修行的道理。

定價:280元

《法華經的宇宙文明:不可思議的佛國星際之旅》
呂尙(呂應鐘教授)著

《法華經》是一部成佛之經，所謂成佛開悟即是要人類「成爲徹底了解宇宙實相（諸法實相）與生命眞相的人」，《法華經》講的是宇宙文明的實相，讀者於其中能通達了解宇宙文明的存在，以及宇宙文明的核心思想。本書融入現代宇宙科學與生命學的種種理論，希望能夠在二十一世紀呈現新貌，充分突顯釋迦牟尼佛宣說宇宙大道的現代價値。

憨山大師說：「不讀法華，不知如來救世之苦心。」《法華經》是「諸經之王」，是在談宇宙外星文明的智慧，只要了解「唯一的眞相（一乘）」，就能了解整個宇宙與整個外星文明，而能得到宇宙高等智慧的結果（佛果）。世尊於此經中心心念念要衆生開佛之見，使得清淨之心，以行菩提之路；用盡不同的方便與譬喻，唯令衆生生起本自具有的善種子而得以開花結果；也願衆生能開啓「人人皆可成佛」的信心，在道上時時用自己的一念善心來與整個宇宙共振共舞，而成爲宇宙高智慧的生命體。這正是法華經的核心思想所在。

國家圖書館出版品預行編目（CIP）資料

外星科技大解密：時間旅行與秘密太空計劃 / 廖日昇著. -- 初版. -- 新北市：大喜文化有限公司, 2022.2
面； 公分. -- （星際傳訊；8）

ISBN 978-626-95202-4-4（平裝）

1.CST: 太空科學 2.CST: 外星人 3.CST: 奇聞異象

326.9 110021928

星際傳訊 8

# 外星科技大解密

## 時間旅行與秘密太空計劃

作　　者：廖日昇
發 行 人：梁崇明
出 版 者：大喜文化有限公司
封面設計：大千出版社
登 記 證：行政院新聞局局版台省業字第 244 號
P.O.BOX ：中和市郵政第 2-193 號信箱
發 行 處：23556 新北市中和區板南路 498 號 7 樓之 2
電　　話：02-2223-1391
傳　　真：02-2223-1077
E-Mail：joy131499@gmail.com
銀行匯款：銀行代號：050　帳號：002-120-348-27
　　　　　臺灣企銀　帳戶：大喜文化有限公司
劃撥帳號：5023-2915，帳戶：大喜文化有限公司
總經銷商：聯合發行股份有限公司
地　　址：231 新北市新店區寶橋路 235 巷 6 弄 6 號 2 樓
電　　話：02-2917-8022
傳　　真：02-2915-7212
出版日期：2022 年 2 月
流 通 費：新台幣 399 元
網　　址：www.facebook.com/joy131499
I S B N：978-626-95202-4-4